心理社会安全氛围研究
——以对矿工的影响为例

Research on Psychosocial Safety Climate
—A Case Study of the Impact on Miners

禹敏 著

化学工业出版社
·北京·

内容简介

本书共7章，首先提出了矿工安全行为这一实际问题，针对其引出了心理社会安全氛围的概念及在中国情境下的研究意义，并给出了构建心理社会安全氛围影响安全行为机制的研究方案，对心理社会安全氛围及相关概念研究进行了评述，对理论模型和研究假设进行了介绍和讨论；主体部分主要介绍了符合中国煤企情境的心理社会安全氛围量表的编制，探讨了心理社会安全氛围对矿工安全行为的影响机理，同时对安全压力和心理健康的中介作用以及安全变革型领导的调节作用展开了深入研究：最后对整个研究进行了总结和展望。

本书可供政府机构，煤炭、矿山企业各层级管理者，人力资源管理人员，安全管理从业人员，职业健康与安全研究人员参考，也可供高等学校煤炭类、心理类、社会学类等相关专业师生参阅。

图书在版编目（CIP）数据

心理社会安全氛围研究：以对矿工的影响为例/禹敏著.—北京：化学工业出版社，2022.9

ISBN 978-7-122-41669-8

Ⅰ.①心… Ⅱ.①禹… Ⅲ.①社会心理学-影响-矿山安全-研究 Ⅳ.①TD7-05

中国版本图书馆CIP数据核字（2022）第100334号

责任编辑：刘　婧　刘兴春　　　　装帧设计：刘丽华

责任校对：边　涛

出版发行：化学工业出版社（北京市东城区青年湖南街13号　邮政编码100011）

印　　装：北京天宇星印刷厂

710mm×1000mm　1/16　印张11¼　字数169千字　2023年1月北京第1版第1次印刷

购书咨询：010-64518888　　　　售后服务：010-64518899

网　　址：http://www.cip.com.cn

凡购买本书，如有缺损质量问题，本社销售中心负责调换。

定　　价：86.00元

前言

PREFACE

近年来，我国煤矿事故数量显著下降，然而煤矿开采仍然存在许多问题，特别是矿工的职业健康与安全问题亟待解决。随着职业健康心理学的不断发展，社会心理风险得到了广泛关注，该风险兼具了组织属性和社会属性，并且与心血管系统疾病、抑郁症、焦虑症、工作倦怠等健康问题紧密相关，会对个体的心理健康造成损害。心理健康是个体心理机能健全的表现，直接影响到个体的行为结果。相关学者调查发现，我国煤矿工人普遍存在心理健康问题，其中工作压力是影响心理健康的主要社会心理风险因素，一线矿工需要面对高强度的安全压力，完成煤矿安全生产目标。心理社会安全氛围被视为一种宝贵的组织资源，体现了组织对员工工作过程中心理健康问题关怀和行为安全的重视程度。多数学者认为心理社会安全氛围理论能够很好地预测社会心理风险因素。虽然前人对安全氛围和安全行为之间的关系展开了丰富研究，然而，鲜有学者从组织层面心理社会安全氛围视角展开对个体层面安全行为影响的跨层次研究，同时安全压力和心理健康在这一关系中发挥何种作用尚不明晰。此外，心理社会安全氛围对安全行为的作用是否受领导因素的影响，仍需进行深入分析。

本书编制了符合中国煤矿企业情境的心理社会安全氛围量表，探讨了心理社会安全氛围对矿工安全行为的影响机理，同时对安全压力和心理健康的中介作用以及安全变革型领导的调节作用展开了深入研究。结合中国煤矿企业实际情境，采用标准化量表编制程序，对心理社会安全氛围量表进行开发。通过文献梳理、现场访谈和专家讨论方法得到了心理社会安全氛围量表初始条目池。在此基础上，通过小样本预试，对测量数据进行了项目分析和探索性因子分析，实现题项筛选。随后进行了大样本调查，同时对测量数据的信度和效度进行检验，以确保量表的结构效度和可靠程度。最终形成了符合煤矿企业情境的心理社会安全氛围量表，包含 18 个题目 6 个维度，分别为管理承诺、心理健康优先、组织沟通、组织参与、组织责任和组织信任。该研究编制的题目能够实现煤矿企业心理社会安全氛围测量，对该构念维度拓展具有较好的理论意义，同时具有可靠简洁的实践价值。

此外，本书探讨了心理社会安全氛围对矿工安全行为的影响机理，通过梳理和归纳大量的文献，结合社会交换理论、工作需求-资源模型、工作压力理论和资源保存理论，提出了该研究的假设模型，认为心理社会安全氛围不仅直接影响矿工的安全行为，而且通过安全压力和心理健康的间接效应对安全行为产生影响，此外，安全变革型领导调节了心理社会安全氛围对安全行为的影响。在提出假设的基础上，针对山西省四大国企30座子矿井的1600名一线矿工进行问卷调查，采用结构方程模型、多层线性回归、逐步回归和偏差校正百分位Bootstrap法，对概念模型和研究假设进行实证分析。研究表明：

① 心理社会安全氛围对矿工的安全行为和心理健康具有显著跨层次正向影响效应，心理社会安全氛围对安全压力具有显著跨层次负向影响效应。

② 安全压力的三个维度——人际安全冲突、安全角色模糊和安全角色冲突显著负向影响矿工的安全行为，同时对安全参与和安全遵守的影响存在差异。

③ 人际安全冲突、安全角色模糊和安全角色冲突跨层次中介了心理社会安全氛围和心理健康之间的关系；心理健康跨层次中介了心理社会安全氛围和安全行为之间的关系；安全压力和心理健康在心理社会安全氛围和安全行为之间起链式中介作用。

④ 安全变革型领导跨层次正向调节了心理社会安全氛围与安全参与和安全遵守的关系，即高水平的安全变革型领导有助于提升心理社会安全氛围对安全行为的影响。

煤矿各层级管理者应该重视心理社会安全氛围的建设，通过采取工作内容合理设计、履行心理健康承诺、明晰安全责任和参与现场安全管理等手段，实现对社会心理风险因素的预防和管控，帮助矿工缓解安全压力，维护个体的心理健康，以期提升安全行为水平，避免安全事故发生。

本书得到了教育部人文社科青年项目（ZZYJC630194，心理社会安全氛围对高危企业员工安全公民行为的影响机理研究）、山西省哲学社会科学规划项目（2021YY165）和太原理工大学校青年基金（2022RS011）的资助，在此表示衷心感谢。

限于著者水平，书中不妥之处在所难免，敬请读者批评指正。

著者

2022年7月于太原

目录 CONTENTS

第 1 章 绪论 001

1.1 矿工安全行为 002
1.2 中国情境下心理社会安全氛围研究意义 006
1.3 构建心理社会安全氛围影响安全行为机制研究方案 008
1.3.1 研究内容 008
1.3.2 研究方法 009
1.3.3 技术路线 010

第 2 章 心理社会安全氛围研究评述 011

2.1 心理社会安全氛围研究评述 012
2.2 相关概念研究评述 015
2.2.1 安全压力研究评述 015
2.2.2 心理健康研究评述 018
2.2.3 安全行为研究评述 022
2.2.4 安全变革型领导研究评述 025
2.3 现有研究不足 028

第 3 章 理论模型与研究假设 031

3.1 理论基础 032
3.1.1 资源保存理论 032
3.1.2 工作需求-资源模型（JD-R） 035
3.1.3 社会交换理论 036
3.1.4 工作压力理论 039
3.2 理论模型构建 041
3.3 研究假设 043
3.3.1 心理社会安全氛围与安全行为 043
3.3.2 安全压力与安全行为 045
3.3.3 心理社会安全氛围与安全压力 046
3.3.4 心理社会安全氛围与心理健康 047

3.3.5 安全压力在心理社会安全氛围与心理健康间中介作用 048
3.3.6 心理健康在心理社会安全氛围与安全行为间中介作用 050
3.3.7 安全压力和心理健康的链式中介作用 051
3.3.8 安全变革型领导在心理社会安全氛围与安全行为间调节作用 052
3.4 本章小结 054

第 4 章
心理社会安全氛围量表编制与调研
055

4.1 心理社会安全氛围结构维度的确定及初始量表构建 056
4.1.1 量表开发步骤 056
4.1.2 心理社会安全氛围题项获取及结构维度的确定 058
4.1.3 心理社会安全氛围初始量表生成 063
4.2 心理社会安全氛围量表的预试与分析 068
4.2.1 初始小样本调查 068
4.2.2 问卷题项筛选 068
4.2.3 探索性因子分析 070
4.2.4 确定正式量表 072
4.3 相关变量测量 072
4.3.1 安全压力测量 073
4.3.2 心理健康测量 073
4.3.3 安全行为测量 074
4.3.4 安全变革型领导测量 074
4.3.5 控制变量测量 075

4.4 大样本调查与心理社会安全氛围二阶验证性因子分析 075
4.4.1 正式量表调查 075
4.4.2 样本特征分析 076
4.4.3 心理社会安全氛围二阶验证性因子分析 077
4.5 信度效度检验 080
4.5.1 信度检验 080
4.5.2 效度检验 084
4.6 本章小结 091

第5章 心理社会安全氛围对矿工安全行为跨层次影响实证研究 093
5.1 变量描述统计分析 094
5.2 共同方法偏差检验 095
5.3 数据聚合检验 096
5.4 假设检验 097
5.4.1 心理社会安全氛围对安全行为的主效应检验 097
5.4.2 安全压力对安全行为的影响检验 101
5.4.3 安全压力的中介效应检验 103
5.4.4 心理健康的中介效应检验 113
5.4.5 安全压力和心理健康的链式中介效应检验 115
5.4.6 安全变革型领导的跨层次调节效应检验 116
5.5 结果分析 121
5.5.1 假设检验结果总结 121
5.5.2 心理社会安全氛围对安全行为的主效应分析 122
5.5.3 安全压力对安全行为的影响分析 123
5.5.4 安全压力和心理健康的中介效应分析 124
5.5.5 安全变革型领导的跨层次调节效应分析 128
5.6 本章小结 128

第 6 章
提升安全行为管理对策
131

6.1 构建心理社会安全氛围 132
6.2 预防员工安全压力 135
6.3 重视员工心理健康 137
6.3.1 了解心理健康需求 137
6.3.2 维护个体心理健康 138
6.4 塑造安全变革型领导 140

第 7 章
总结与展望
143

7.1 研究总结 144
7.2 研究创新点 146
7.3 研究局限性与展望 147

附录
调查问卷
149

参考文献
156

第1章
绪论

1.1 矿工安全行为

目前，中国作为世界上最大的能源生产国和消耗国，煤炭资源在能源供给中占据了主导地位，在过去 50 年中，煤炭供应占我国能源需求的 60%左右[1]。多年来，我国对煤矿安全生产问题给予了高度重视，通过加强资源投入和采取严厉的监管措施，对安全生产状况进行改善，并且取得了明显成效，矿难事故数量和死亡人数显著下降[2]。根据中华人民共和国应急管理部的相关统计信息，2009～2018 年我国煤矿发生的事故起数、死亡人数见图 1-1[3]。

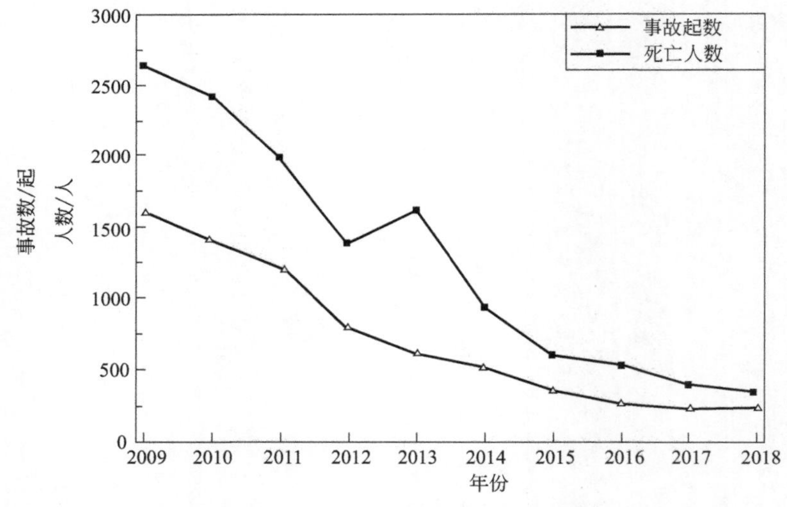

图 1-1　2009～2018 年我国煤矿安全事故情况

尽管我国煤矿安全生产问题得到显著改善，与发达产煤国家（例如美国）相比，我国的煤矿死亡率是其 25 倍以上（见表 1-1），当前我国的煤矿安全生产形势仍十分严峻。在煤矿人-机-环境协同系统中，机器的工作效率和安全性随科技进步得到提升，同时作业环境不断改善，而人的因素存在较大的不确定性，容易受多重因素的影响，如心理感知、人格特征、工作特征、环境氛围等，因此人为因素的可靠性应该引起重视。统计分析不同类型事故的发生原因表明，人因是事故发生的主要原因。根据国内外重大灾难事故分析统计，由人因直接或间接导致的伤亡事故占总事故数的80%以上[4]。统计1980～2018年我国煤矿重特大事故发生的原因，发现大部分事故是由人为因素引起的，其中人因事故占事故总数的88.4%，见表1-2。人为因素主要是指人的不安全行为，因此煤矿安全事故的发生主要源于矿工的不安全行为。

表1-1 2009~2018年中美煤矿死亡人数对比表

单位：人

年份	2009	2010	2011	2012	2013	2014	2015	2016	2017	2018
中国	2631	2433	1973	1384	1067	931	588	526	375	333
美国	18	48	21	20	23	16	11	8	15	12
中国/美国	146	51	94	69	46	58	53	66	25	28

数据来源：中华人民共和国应急管理部网站。

表1-2 1980~2018年我国煤矿重特大事故人因比率

事故类型	瓦斯爆炸	瓦斯突出	瓦斯中毒	水害	火灾	顶板	机电	运输提升	爆破	煤尘爆炸	其他	总计
事故总计	571	108	83	236	75	268	27	130	30	42	72	1642
人因总计	532	84	75	215	69	226	23	113	21	33	61	1452
人因比率	93.1	77.7	90.1	91.1	92	84.3	85.2	86.9	70	78.5	84.7	88.4

数据来源：中华人民共和国应急管理部网站。

2015年11月11日，广西壮族自治区宜州市某煤业有限公司冲谷六号井探煤联络巷发生透水事故，造成3人死亡。事故的主要原因是以掘代探、盲目掘进，没有认真排查矿区范围内所存在的水害隐性致灾因素。此外，管理者未执行广西煤矿安监局下发的不得进行技改工程施工的安全监察指令，仍违规组织16人下井进行超层越界开采，最终诱发安全事故。2020年9月27日，重庆某能源有限公司松藻煤矿发生重大火灾事故，造成16人死亡、42人受伤。事故暴露出的主要问题是：出事矿井安全管理混乱，运煤上山胶带防止煤矸洒落的挡矸棚维护不及时，出现变形损坏及洒煤的现象后，没有及时排查更换；安全生产管理责任落实不到位，对所属煤矿安全管理过程中，出现职能交叉和职责模糊问题，责任落实层层弱化。2021 年 3 月 25 日，山西某煤业有限责任公司，15210 进风掘进工作面发生煤与瓦斯突出事故，造成 4 人死亡。经调查发现事故的原因是在施工区域打防突钻孔时，出现喷空和卡钻预兆，然而煤矿管理层隐瞒突出预兆，编制瓦斯含量正常的虚假报告单以应付检查，并组织员工冒险作业，从而导致了惨剧的发生。上述事故均由人的不安全行为所引发，与冒险违章作业有直接关系。因此，预防和控制不安全行为，提升矿工的安全行为，分析影响安全行为的因素，对煤矿事故预防具有重要意义。

著名德国心理学家勒温提出“场动力理论”，他指出个体行为产生受心理和生理因素与所处环境的相互作用影响，即心理影响行为[5]。相关学者研究发现，心理不安全感会直接影响到矿工的不安全行为[6]。矿工进行井下作业时，通常暴露在粉尘、噪声、瓦斯以及高温潮湿的环境中，长期处在不安全的工作环境中，无形中产生心理压力，并危及个体的心理健康，在临床上表现为睡眠质量下降，抑郁症、焦虑症、恐慌及工作倦怠症状增加[7-9]，矿工的这些心理问题很可能会给煤矿生产带来潜在安全隐患。

戴福强等[10] 对我国煤矿工人的心理健康进行了调查，发现井下矿工的各项心理指标均高于常模水平，其中焦虑、人际关系紧张和躯体化症状较为显著。宋志方等[11] 研究发现，我国煤矿工人心理障碍、抑郁、恐慌症状显著高于其他群体。由此可知，我国矿工普遍存在较为显著的心理健康问题，然而，煤矿企业尚缺乏系统的职业健康与安全管理措施。2019 年 7 月 9 日，国务院部署了《健康中国行动（2019—2030 年）》规划，该文件指出我国居民的心理健康问题呈上升趋势，政府部门、社会组织和相关企业应该采取积极举措，来维护和改善人民的心理健康[12]。个体的心理健康问题逐渐引起了社会各界的高度重视，针对矿工这一高危职业群体普遍存在的心理健康问题，应该采取何种措施进行维护和改善？

随着高危群体职业健康问题逐渐凸显，社会心理风险（psychosocial risk）得到了专家学者的广泛关注。1908 年，美国社会学家 Ross 的《社会心理学》和英国心理学家 McDougall 的《社会心理学导论》的发表意味着社会心理学的诞生。20 世纪 20 年代，美国和苏联的社会心理学家先后把科学试验方法引进这一学科，使得社会心理学从描述对象转向探索和揭示规律。在职业健康领域，工作场所的社会心理风险是指在工作的设计和管理及其社会和组织环境中可能造成个体心理或身体伤害的潜在因素，由此可知社会心理风险是个体心理健康的主要预测因素[13]。社会心理风险因素包含了：人际关系（例如与上级关系差、人际冲突、缺乏社会支持）、组织中的角色（例如角色模糊、角色冲突、责任感）、家庭-工作关系（例如工作-家庭矛盾、低家庭支持、双重或多重职业）等，这些因素均归属压力因素。

根据压力-情绪理论，压力会影响个体的情绪，当矿工感知到高强度的工作压力时，会产生消极情绪，可能会降低其安全行为水平[14]。由煤矿工作场所压力引发的员工心理健康问题逐渐成为矿工职业健康与安全管理研究的一项重要议题[15]。繁重的工作压力除了影响个体心理健康外，也可能导致组织生产率下降、人际关系紧张和安全事故频发等结果。Britt等[16] 指出矿工工作压力过大时，会严重影响其身心健康和行为选择，导致事故发生。

综上可知，缓解矿工的工作压力、改善心理健康问题及提升安全行为水平，很可能是避免安全生产事故发生的有效途径。传统提升矿工安全行为的方法，主要采用行为安全管理（behavior-based safety management，BBS）手段，然而这一方法并不能对安全行为进行持续的提升。国内学者实施了创造安全氛围的 BBS 管理，发现安全氛围的营造能够持续提升安全行为[17]。安全氛围是指员工对组织是否重视员工的身体安全和工作伤害的感知，构建“安全氛围”很可能是煤矿安全管理水平得以持续性提升的手段。从压力预防和社会心理风险预控视角，Dollard 和 Dormann 提出了新的工作压力理论——心理社会安全氛围（psychosocial safety climate），是指员工对组织是否重视员工工作过程中心理健康和安全的政策、规程和行为实践的共同感知和看法。相较而言，安全氛围侧重于组织重视员工的人身安全，而心理社会安全氛围侧重于组织重视员工的心理健康和行为实践。

因此，探讨如何构建煤矿心理社会安全氛围，分析心理社会安全氛围是否能缓解矿工的工作压力、改善心理健康并提升安全行为水平，成为进一步提升煤矿安全绩效的突破口。那么，心理社会安全氛围对安全行为是否产生直接影响？如果存在，影响安全行为的路径是什么？安全压力和心理健康是否可以作为中介变量？安全压力各维度对安全行为的影响是否存在差异？心理社会安全氛围是否可以缓解工作压力、是否能改善矿工的心理健康水平？安全变革型领导是否在心理社会安全氛围与安全行为的关系中起调节作用？这些问题都是需要深入研究的，然而，目前国内对于这方面的研究成果相对较少。基于煤矿工人的工作压力、心理健康和行为安全问题，探讨心理社会安全氛围对矿工安全行为的影响机制和作用机理，开发符合中国情境的心理社会安全氛围量表，并应用于煤矿安全管理中，可实现对矿工的压力缓解、心理健康改善和安全行为提升，从而降低煤矿生产事故发生率。

1.2 中国情境下心理社会安全氛围研究意义

随着职业健康心理学的不断发展，在理论研究和实践应用层面，社会心理风险被广泛关注。为促进工作场所中员工的职业心理健康发展，提升安全绩效，关注社会心理风险并管控社会心理风险因素，逐渐成为学者们的共识。当前，中国的职业健康心理学研究尚处在起步阶段，尚缺乏维护员工职业健康的系统管理手段。心理社会安全氛围在职业健康的基础上发展而来，能够有效预测社会心理风险因素，这一理论在国内尚未受到广泛的关注与重视，本书旨在结合中国文化背景，对心理社会安全氛围展开深入研究。

（1）理论意义

本书结合管理科学、组织行为学、心理学、统计学、医学、行为科学和人因工效学等多学科理论，运用访谈、调研和观察进行质性分析，编制符合中国情境的心理社会安全氛围量表。采用问卷调查方法，对矿工的心理社会安全氛围、安全压力、心理健康和安全行为进行测量，基于心理社会安全氛围理论、社会交换理论、工作需求-资源模型、工作压力理论、心理健康理论和安全行为理论，结合个体层面和组织层面，研究了心理社会安全氛围对矿工安全行为的影响机制，丰富了心理社会安全氛围在安全管理领域的应用和延伸。本书的理论意义，主要集中在以下三个方面：

① 将心理社会安全氛围引入我国煤矿安全管理中，探讨中国情境下心理社会安全氛围的结构维度，对各维度的内涵和形式进行了系统梳理，开发了符合煤矿企业情境的测量量表，为心理社会安全氛围的结构测度做出理论贡献。

② 探讨心理社会安全氛围与矿工安全压力以及心理健康之间的关系，充分考虑了组织氛围的关键作用，拓展了我国矿工工作压力预防理论，同时为维护和改善心理健康问题构建理论基础。

③ 探讨心理社会安全氛围对矿工安全行为的影响路径，以及中介变量和调节变量在这一关系中的作用，使心理社会安全氛围对矿工安全行为的影响路径更为清晰和完善。不仅拓展了心理社会安全氛围的研究领域，同时也丰富了行为安全管理的理论与方法。

（2）现实意义

本书构建了心理社会安全氛围对矿工安全行为的影响机制模型，运用多层调查数据检验理论模型和研究假设，研究发现心理社会安全氛围对安全压力产生显著负向影响，对心理健康和安全行为有显著正向影响。本书的现实意义主要体现在以下三个方面：

① 采用本书开发的量表对矿山企业的心理社会安全氛围水平进行测量和评估，能够真实地反映企业对员工心理健康的关怀程度，有助于企业构建和完善员工的心理安全规程。

② 探讨了心理社会安全氛围对矿工安全行为的影响机制，对于改进煤矿企业矿工心理健康问题和安全压力管理，具有一定的实践价值和指导意义。

③ 在煤矿企业安全管理实践中，重视心理社会安全氛围的构建，从压力预防和改善心理健康双重视角，对进一步提升矿工安全行为、降低事故发生率有一定借鉴价值。

1.3 构建心理社会安全氛围影响安全行为机制研究方案

1.3.1 研究内容

本书研究内容主要包含以下七个部分：

第1章，绪论。本章阐述了研究背景和煤矿企业客观存在的安全问题，提出了本研究的理论意义和现实意义，介绍了研究内容、方法和技术路线，梳理本书的研究思路。

第2章，心理社会安全氛围研究评述。本章对心理社会安全氛围、安全压力、心理健康、安全行为和安全变革型领导相关文献进行了梳理，同时对现有研究进行评述，提出研究的主要方向和重心。

第3章，理论模型与研究假设。本章在回顾工作需求-资源模型、资源保存理论、社会交换理论和工作压力理论等相关理论的基础上，提出了心理社会安全氛围与安全压力、心理健康、安全行为和安全变革型领导的理论模型和研究假设。

第4章，心理社会安全氛围量表编制与调研。本章对中国情境下的心理社会安全氛围量表进行了编制，并对相关测量变量进行了题目修订。采用正式量表对山西省4大煤炭企业30座子矿井的一线矿工进行了大样本问卷调查，回收1207份有效问卷用于实证分析。此外，对组织样本特征和矿工样本特征进行了描述，并对各量表信度效度进行了检验。

第5章，心理社会安全氛围对矿工安全行为跨层次影响实证研究。本章首先对研究变量进行了描述统计分析；其次，进行了共同方法偏差检验；此外，进行了数据聚合检验；最后，采用多层线性模型、结构方程模型、逐步回归和偏差校正百分位法对提出的假设进行了检验，并对结果进行了分析。

第6章，提升安全行为管理对策。本章根据现场调研和实证分析结果，结合煤矿的安全管理需求，提出相关管理对策。

第 7 章，总结与展望。本章对研究结果进行了系统总结，并指出了研究不足之处和未来研究方向。

1.3.2 研究方法

一般而言，研究方法依照自上而下的顺序可以分为哲学方法、理论方法和技术方法三个层次。

哲学方法是指哲学意义上的方法论。本书第一层次的方法论并不是从哲学观点出发演绎心理社会安全氛围影响矿工安全行为的相关问题，而是采用理论与实践相结合的办法，着眼于矿工的职业健康与安全管理方面的实际问题，将辩证唯物主义哲学的立场、观点和方法论渗入整个研究过程。

所谓理论方法是指研究设计与构建理论体系所凭借的思辨依据，属于第二层次的方法。本书在该层面的研究方法主要包括：

（1）文献研究法

笔者以心理社会安全氛围对矿工安全行为的影响为中心，查阅国内外相关文献。通过归类、整理和总结国内外文献，系统梳理了心理社会安全氛围、安全压力、心理健康、安全行为和安全变革型领导的研究动态，总结出现有的研究不足，并且概述了资源保存理论、工作需求-资源模型、社会交换理论、工作压力理论和多层线性模型理论。通过文献梳理和理论回顾，为理论模型构建和研究假设推演奠定了基础。

（2）问卷调查法

针对本书涉及的心理社会安全氛围量表，通过梳理现有文献并结合开放式访谈，开发了适用于煤矿的心理社会安全氛围量表，其他变量采用了国内外现有成熟量表。选取现场访谈和电话的方式与矿工进行充分沟通，将获取的信息和专家进行交流。对于存在争议的题目，经过反复讨论和斟酌，确定了恰当的语义表述，以确保量表开发的准确性。根据开发和确定的量表，对矿工进行了大样本问卷调查，针对回收有效问卷展开实证研究。

技术方法则是指对具体问题进行研究所使用的分属不同学科门类（如数学、经济学、统计学、心理学等）的具体模型和方法。在该层面，根据收集的有效数据，采用 SPSS 22.0、AMOS 22.0 和 HLM 6.0 软件进行数据分析。采用探索性因子分析、验证性因子分析和结构方程模型，对开发的心理社会安全氛围量表进行信度效度检验；采用多层线性回归分析法检验心理社会安全氛围对安全行为的直接影响；采用结构方程模型和逐步回归法，检验个体层次安全压力对安全行为的影响；采用多层线性回归分析法检验安全压力和心理健康的跨层次中介效应；采用偏差校正百分位 Bootstrap 法检验安全压力和心理健康的链式中介效应；采用多层线性回归法检验安全变革型领导的调节效应。

1.3.3 技术路线

本书的研究技术路线如图 1-2 所示。

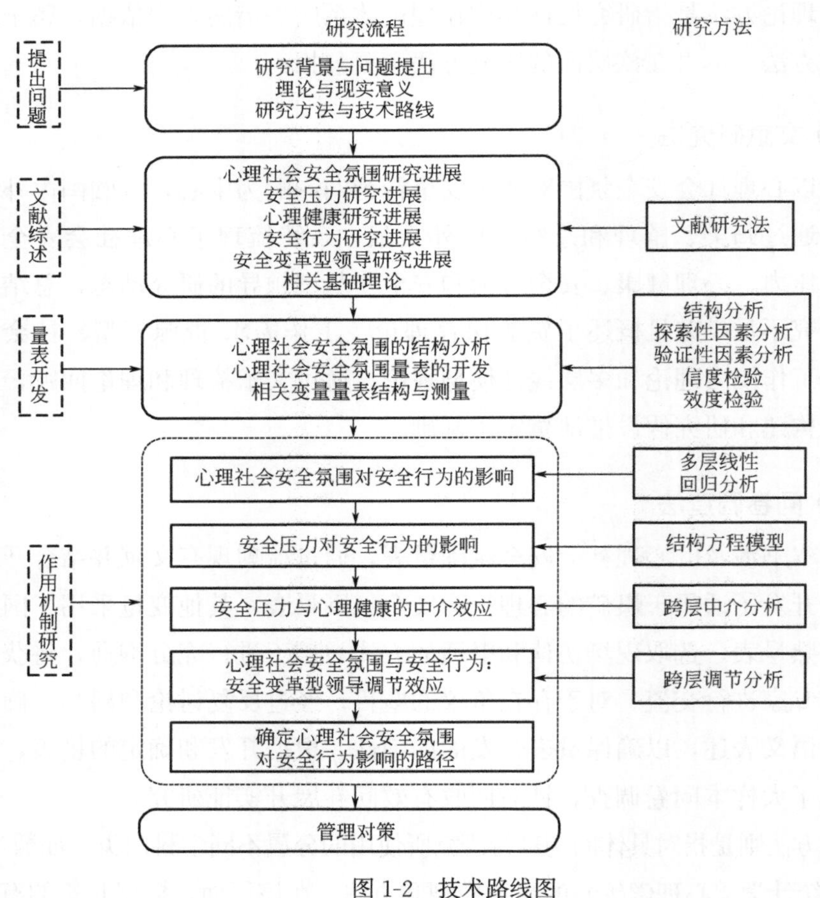

图 1-2　技术路线图

第2章

心理社会安全氛围研究评述

本章首先对心理社会安全氛围的相关研究进行文献梳理和评述，分析其结构维度及对心理和行为结果变量的影响。随后，对安全压力、心理健康、安全行为和安全变革型领导这些相关概念进行界定、结构测量和影响因素分析等内容梳理，为下文的理论模型构建和假设推演奠定理论基础。

2.1 心理社会安全氛围研究评述

（1）心理社会安全氛围的定义

心理社会安全氛围是安全氛围研究的延伸，起源于工作压力和心理社会风险因素的研究。心理社会安全氛围被视为积极的组织资源，体现在组织为减轻心理社会风险因素对员工心理健康的影响而做出组织承诺和支持。早期，学者们将研究重心放在安全氛围的构建上，这一构念侧重于组织从作业环境视角来关注员工的身心安全和行为安全。随后，部分学者逐渐开始关注工作压力对员工心理健康和工作绩效的影响。“安全氛围”和“工作压力”两个方向的研究对心理健康存在交叉影响趋势，由此提出了心理社会安全氛围。

心理社会安全氛围是组织行为学中的一项重要概念，体现出员工对组织行为决策的共同感知。2010 年，Dollard[18] 首次提出了心理社会安全氛围（psychosocial safety climate，PSC）概念，将其定义为组织通过政策、规程和程序制定来重视和保护员工的心理健康和行为实践，这一概念应用于预测和控制员工的职业风险因素。

Idris 等[19] 分析了心理社会安全氛围、物理安全氛围、组织支持感知和团队心理安全感四个概念对工作需求和心理健康的影响，随后对影响效果进行了比照，研究发现心理社会安全氛围通过工作需求的中介作用，对员工的心理健康问题产生影响，并且证实了心理社会安全氛围能够预测压力风险因素，同时实现对风险有效预防。该研究将心理社会安全氛围划分为四个维度：a. 管理者对影响心理健康的问题应给与支持和承诺；b. 高层管理者优先重视员工的心理健康；c. 组织对影响心理健康的因素和员工进行及时沟通；d. 组织积极参与和投入到解决员工心理健康问题的实践中。

Dollard[20] 将心理社会安全氛围定义为员工对组织在重视其心理健康和行为实践方面做出的承诺、支持和责任的共同感知。心理社会安全氛围是员工对管理者关心其心理健康的感知，这种感知源于组织在工作设计上重视员工的心理健康问题和行为安全，包含心理健康政策、安全规程和行为实践方面的制度重构。

（2）心理社会安全氛围的结构维度

Hall 等[21] 分析了心理社会风险因素的基本理论，并梳理了安全氛围的相关文献，基于此采用标准化问卷编制程序进行调查研究，采用探索性因子分析和验证性因子分析对问卷的信度效度进行检验，最终得到了心理社会安全氛围的四个维度：

① 管理者支持和承诺，是指高层管理者在员工的压力预防和心理健康问题上，要给予充分的组织支持和管理承诺；

② 心理健康优先，是指当组织生产目标和员工心理健康目标发生冲突时，管理者应该首先重视员工的心理健康问题，将员工的心理健康设为组织安全生产的首要目标；

③ 组织沟通，是指组织在安全管理过程中构建的沟通机制，高层领导针对影响员工心理健康和身体安全的问题展开交流，管理者能够耐心聆听员工对自身职业健康和安全的相关诉求，及时制定应对举措来改善员工的心理健康，并确保员工的身心安全；

④ 组织参与和投入，是指组织中各层级管理者积极参与到改善员工心理健康的过程中，各部门、各层级领导都投入到保护员工心理健康和行为安全的管理中，说明组织对工作压力重视和心理健康的关注涵盖了组织的各个层面。

心理社会安全氛围的四个维度是员工对组织努力程度的共同感知，通常会受到各层级管理者的安全价值观和安全态度的影响。组织中高层管理者对员工的心理健康问题和行为安全给予了支持、承诺和帮助，同时将员工的心理健康目标优先级设为首要级别，通过构建轻松、舒心、和谐的心理沟通环境，实现对心理风险因素有效预防，这一过程中各层级领导积极参与和投入到关心员工心理健康和行为安全的管理中，从而营造了高水平的心理社会安全氛围，使员工感知到组织对其心理健康和身心安全的高度重视。

（3）心理社会安全氛围的结果变量

基于心理社会安全氛围的定义，学者们对其结果变量展开了广泛研究，由于这一概念近十年刚提出来，相关的研究还处在起步阶段。工作压力是影响员工职业健康的主要风险因素，而工作需求-资源模型（job demand-resource，JD-R）对工作压力的产生过程和作用机制进行了较好的阐释，越来越多的学者将“心理社会安全氛围”引入工作需求-资源模型的路径解释中，对工作需求、工作资源影响员工心理健康和行为结果的机制进行了合理阐述。心理社会安全氛围主要作用于JD-R模型中的“健康损耗过程”和“心理激励过程”两条路径，高水平的心理社会安全氛围会削弱工作需求对员工心理健康的影响，同时提供充分的资源来激发员工的工作投入热情，反之，低水平的心理社会安全氛围可能会增加员工的心理健康风险，导致员工消极应对工作造成不良的行为结果。由此可知，心理社会安全氛围主要会对员工的心理健康问题和行为结果产生影响。具体研究如下：

1）心理社会安全氛围对员工心理健康的影响

心理社会安全氛围能够直接影响员工的心理健康问题。高层管理者在工作设计过程中，通过调节和控制员工的作业负荷和工作情绪，尽可能地减小工作压力对心理健康的影响。同时，心理社会安全氛围会为员工提供社会、物质、政策和精神方面的资源，确保员工实现工作目标。充分的资源投入能够保障员工的工作投入和积极参与，并且保持乐观心理状态面对困难，同时增强其心理承受能力，相对应的心理困扰和健康问题随之减少。

Dollard等[22]对医务工作者和社区服务人员进行了调查研究，发现工作压力是产生职业风险因素和心理健康问题的主要原因，基于对工作压力干预的过程分析，提出了“心理社会安全氛围压力理论”，该理论认为心理社会安全氛围是压力干预的最初阶段，第二干预阶段是心理社会安全氛围通过影响工作资源和工作需求，提升员工的工作投入水平，同时减少心理健康问题的发生。心理社会安全氛围第三干预阶段的目的是提升安全结果，避免事故、伤害和失误的发生。

2）心理社会安全氛围对行为的影响

心理社会安全氛围构建过程中，组织不仅重视员工的心理健康结果，而且关注员工的行为结果。高水平的心理社会安全氛围，意味着组织为员工提供了充分的工作资源来实现工作目标和个人价值，根据社会交换理论中的互惠原则，当员工感受到组织对其心理和行为安全关怀时，会以积极的工作行为来回馈组织。

Hall[23] 从宏观视角探讨了心理社会安全氛围作用于工作需求-资源模型中的“健康损害过程”。研究发现心理社会安全氛围显著正向影响了员工的积极组织行为，显著负向影响了抑郁症状，同时心理社会安全氛围正向调节了抑郁症对积极组织行为的影响。高水平的心理社会安全氛围，能够减轻工作需求对抑郁症状的负面影响，提升员工的积极组织行为水平。Bronkhorst[24] 采用多层线性模型，分析了工作需求-资源模型和安全氛围对行为结果的影响，结果表明工作需求、工作资源和安全氛围都会对安全行为产生直接影响，这里将安全氛围区分为物理安全氛围和心理社会安全氛围，其中物理安全氛围会对员工的物理安全行为产生直接影响，而心理社会安全氛围会对心理社会安全行为产生直接影响。

2.2 相关概念研究评述

2.2.1 安全压力研究评述

安全压力（safety stress）是以工作压力为基础，结合高危职业者的工作特征和安全特性而形成。安全压力同工作压力相比，更倾向于强调影响安全的职业风险因素。本节从安全压力的定义、结构维度和结果变量展开文献回顾。

（1）安全压力的定义

压力普遍存在于人们的生活工作中，用来描述个体面对人际关系、工作需求、社会责任和家庭义务时，所体会到的心理紧张状态。目前，学者们一致认为压力的概念存在三种观点：刺激学说、反应学说和刺激-反应学说。

刺激学说认为压力来源于外部环境的刺激，而环境的恶劣程度意味着压力的感知强度，该观点认为个体对压力的承受能力是有限度的，当压力强度超过个体所能承受的极限，就会影响个体的生理和心理健康。

反应学说强调了个体对环境因素刺激的回应，从主观视角体现了压力的负面影响。

刺激-反应学说强调压力是一个动态的过程，是个体与外界刺激之间的相互作用、相互影响的关系，这一学说全面系统地阐释了压力的形成机制。

相关学者从多个视角对工作压力进行了定义，Lazarus 和 Launier[25] 认为压力是超越个体正常心理限度的一种感知，这种心理反应源于对压力的认知，而个体的承受能力与压力认知显著相关。Luthans[26] 指出工作压力是个体对组织环境适应度的反馈，体现在心理、生理、认知和行为表征方面。徐长江[27] 将工作压力定义为个体持续受到压力源的威胁时，表现出的行为心理反应。

2014 年，Sampson[28] 基于工作压力理论，通过分析安全领域中的职业风险因素，提出了安全压力概念（safety stress），其是指在高危情境中，个体感受到高强度的职业风险因素，往往会超越个体承受能力，表现出心理和行为不协调。结合行为理论和工作条件的分类，Sampson 将安全压力划分为安全障碍和安全不确定性两种类别。安全障碍是指防护装备存在质量问题或设计缺陷，危及个体人身安全，例如安全帽质量缺陷可能会造成伤害。安全不确定性是指不同层级领导同时发出安全指令存在冲突，该不确定因素将影响员工的安全生产。

（2）工作压力源

工作压力源（job streesor）是指员工从主观视角感知到影响工作压力的多重因素，同时也是工作压力的重要组成部分。压力源的类别涵盖了工作特征、组织氛围和环境感知等多个维度，因个体人格特征存在差异，对应的压力源感知程度也不尽相同。

Kahn 等[29] 认为人际关系冲突、工作负载、期望得不到满足和角色压力因素都是组织中普遍存在的压力源。Cooper 和 Marshall[30] 对白领员工进行了调查分析，研究发现工作家庭冲突、工作特征、组织制度和发展前景是常见的工作压力源。Ivancevich 等[31] 从组织内部和外部特征对工作压力源进行了区分，并将其划分为 5 种类型：个体特征、心理特征、群体特征、组织特征和环境特征。Parker 和 Decotiis 认为工作压力源包含 6 种类型，分别为：人际关系、工作角色、工作环境、信息沟通、组织责任义务和职业发展规划。

汤毅晖[32] 研究了管理者工作压力源、心理健康、控制感和应对举措之间的关系，发现管理者的压力源主要是人际关系冲突、角色压力、职业发展规划和工作家庭冲突，同时压力源不仅直接影响了管理者的心理健康，而且通过控制感和应对方式的中介作用对其产生间接影响。张西超等[33] 采用修订版的职业压力问卷，对 297 名国有银行和核电站员工进行了调查研究，发现不同的组织存在的压力源不同。

（3）安全压力的结构维度

Sampson[28] 根据工作压力的定义和工作压力源的类别，并结合安全领域从业人员的作业环境和工作特征，将安全压力分为 3 个维度，即安全角色冲突、安全角色模糊和人际安全冲突。

1）安全角色冲突

安全角色冲突是指安全期望与实际情况不相符而产生的冲突，Kahn[29] 将角色冲突分为四种类型：

① 多重角色冲突，即由于同时扮演多种角色，而这些角色各有不同或相反的角色规范与期望，当个体无法调节好各角色之间的矛盾时，便会产生角色冲突；

② 期望发送者之间的角色冲突，是指不同的角色持有者对同一角色接收者传递的相互矛盾的角色期望，而让接收者感到束手无策；

③ 发送者本身的角色冲突，是指角色发送者对角色接收者传达的期望是相互矛盾的；

④ 个体角色冲突，是指外部的角色期望与个体自身的动机和价值观不相同，角色冲突和角色模糊可以通过“相容与不相容”进行概念区分。

2）安全角色模糊

安全角色模糊是由个体的安全期望与安全价值观不相容而引起的。House 和 Rizzo 指出个体的角色扮演与预期期望不明晰时，会导致角色模糊。Churchill 等认为个体工作过程中出现信息不对等和沟通传递障碍时，领导对工作绩效的评估和角色安全评价出现偏差，会使员工感到职能模糊，并产生角色模糊。

3）人际安全冲突

人际安全冲突是指高危职业群体在人际交往过程中，或多或少会出现语言、肢体和观念上的分歧，这一冲突会影响到企业的安全生产和个体的人身安全。Dahrendorf[34] 将人际冲突定义为群体之间的矛盾，个体在实现组织目标的过程中，由于人格、环境氛围及家庭背景存在差异，其意识和观念存在矛盾，随时间积累人际冲突随之产生。部分学者认为，人际冲突是个体之间为获取和维护自身利益而出现的博弈，由此将其定义为：个体发现他人损害自身的利益时，会采取各种手段维护自身的权益，而这一过程也损害了现有的人际关系[35]。

2.2.2 心理健康研究评述

（1）心理健康的定义

1948 年，世界卫生组织首次对健康（health）进行了定义，并得到了国内外学者的高度认可，即健康不仅指身体疾病和羸弱的去除，而且指个体的人格、心理、精神和情绪与社会形态相符[36]，由此可知，健康应该从身体和心理两个维度进行测量。与身体健康相比，心理健康的测评和预防难度相对较高，随着企业人本管理理念的渗透和认可，越来越多的学者开展了关于员工心理健康的研究。2001 年，世界卫生组织将心理健康（mental health）定义为：个体的一种主观幸福状态和心理感知，这种状态帮助个体实现自身的价值观、积极应对生活和工作方面的压力、提升工作获得感以及为社会进步做出贡献。

不同学科存在不同的研究视角和目的，因此对心理健康的定义存在差异，该研究从心理学科视角分析了心理健康的定义。胡江霞[37] 将心理健康定义为个体适应环境氛围变化的过程中，心理由简单变复杂、由不成熟向成熟发展的过程。刘华山[38] 认为心理健康是个体的一种持续心理状态，个体在这种状态保持下，能够拥有积极的心理体验、较好的社会适应能力和充沛的生活精力，并且充分发挥个体的潜能和社会功能。心理学家林崇德将心理健康定义为个体的情感表征，包含了积极情绪和消极情绪两部分，涉及个体情感生活的各个层面。自尊是心理健康的核心内容，受客观环境的潜在影响。部分学者将心理健康从广义和狭义层面进行区分，苏群等[39] 认为广义的心理健康是指持续满意的心理状态，狭义的心理健康是指个体的心理和认知与社会发展相协调，即情感、意识、性格和情绪与社会发展保持一致。

通过整理相关心理学专家对心理健康的定义，本书选取刘华山对心理健康的定义及特征进行分析，具体包含以下几个特点：

① 心理健康是个体的良好的状态，包含心理机能健全和人格完整；

② 心理健康涵盖了适应和平衡两个层次；

③ 心理健康是动态不平衡的，是一种状态更是一个过程；

④ 心理健康反映了个体的人生态度。

（2）心理健康的测量和结构维度

心理健康测量量表的选择性较广，国外学者普遍采用症状自评量表（Symptom Check List 90，SCL-90）、凯斯勒 10（Kessler 10，K10）心理测量量表和一般健康量表（General Health Questionare，GHQ）等。此外学者们对焦虑症状、抑郁症状、社会支持等方面的心理症状进行了测量，例如 SAS(Self-Rating Anxiety Scale)、CMI(Cornell Medical Index)、SDS(Self-rating Depression Scale)、SSRS(Social Support Rating Scale) 等问卷。

1）SCL-90 量表

1977 年，Derogatis 等[40] 编制了症状自评量表（SCL-90），该量表主要包含了 90 个问题，分为 9 个分量表，涉及心理健康的 9 个层面（躯体化、强迫症状、人际关系敏感、忧郁、焦虑、敌对、恐怖、偏执、精神病性），各分量表的效度介于 0.70～0.90 之间。选取被试最近 1 周内的心理感受填写问卷，采用 likert 5 点评定方法计分，从“没有症状”到“非常严重”，对应的分数为“1”到“5”。以量表总分来进行心理健康评定，当总分≥200时，视为心理存在问题。

国内最早出现的是王征宇的翻译版本，基于该研究，金华等[41]于1986年运用 SCL-90 量表对我国 1388 人进行了测量，并确定了常模标准，见表 2-1。

表 2-1 SCL-90 常模标准

维度	M±SD	维度	M±SD
躯体化	1.38±0.49	敌对	1.48±0.56
强迫症状	1.66±0.61	恐怖	1.23±0.37
人际关系敏感	1.66±0.64	偏执	1.46±0.59
忧郁	1.51±0.60	精神病性	1.32±0.44
焦虑	1.41±0.44	总分	117.58±28.56

2）凯斯勒 10 量表（K10 量表）

1994 年，密歇根大学的 Kessler 和 Mroczek 编制了凯斯勒心理评定量表（Kessler10，K10）。Kessler10 用来测量个体的心理症状，通常用于大样本群体的心理疾病评判。周成超实证研究了 Kessler10 中文版本的信度和效度，对 842 名大学生进行问卷调查，针对数据结果进行分析，发现该量表的分半信度为 0.71、Kappa 指数为 0.70、克隆巴赫 α 值（Cronbach's α 值）为 0.80，说明该量表有较好的信度效度，能够在中国情境下得到较好的拟合。近年来，世界卫生组织和美国健康统计中心等组织采用 K10 量表对大样本群体进行了心理健康调查研究。

3）一般健康量表（GHQ）

1972 年，Goldberg 编制了 GHQ（General Health Questionnaire）量表，并广泛应用于不同文化的被试群体。目前，GHQ 包含了 GHQ-12、GHQ-20、GHQ-28、GHQ-30 等版本，其中，12 个题目的 GHQ-12 拥有题目少、信度高和效度好的特点，获得了国内学者们的高度认可和青睐，被公认为有效的心理健康测量问卷之一。针对 GHQ-12 的结构维度是单维、二维或是三维，学界长期以来存在一些争议。Andrich 等将 GHQ-12 区分为积极描述和消极描述两个维度，而 Graetz[42]将其划分为抑郁症状、自信心下降和社会功能损失三个维度。

目前，SCL-90的测量题目较多，带来工作量庞大的问题，被试者可能没有耐心回答所有问题，很可能造成测量数据的大量缺失，而Kessler10量表在国内的应用相对较少，该问卷是否适用于中国情境仍有待深入研究，因此，本书研究选取了题目精炼且符合中国情境的GHQ-12问卷进行心理健康调查。

（3）心理健康的前因变量

1）人口统计学特征

影响员工心理健康的人口统计学变量包含年龄、性别、教育水平、工作经验、工作职能等，具体研究如下所述。学者们一致认为年龄阶段不同，其心理健康的表现水平也存在差异，李艳青等[43]认为年龄大的员工心理健康问题反而比较严重。张占武等[44]对制造业新生代员工进行了心理健康调查，研究发现男性的心理健康问题远高于女性。相关学者研究发现，员工的教育水平与心理健康显著正相关[45]，这是由于员工接受良好教育的同时，也获取了充分的工作资源来应对压力，相应的心理健康表现也随之提升。李秋虹等[46]认为在高温、潮湿、噪声和有毒有害气体的环境中作业，极易导致一线员工的心理健康出现异常。

2）人格特征

人格特征对心理健康影响的研究，主要采用大五人格量表、明尼苏达州多人格问卷（Minnesota Multiphasic Personality Inventory，MMPI）、卡特尔开发的16种人格因素问卷（The Sixteen Personality Factor Questionnaire，16PF）等调查研究。洪炜等[47]通过对234名大学新生进行问卷调查，发现随和、活跃和韧性的特质能够缓解应激对心理健康造成的影响。蒋奖等[48]探讨了A型人格、控制源与心理健康和工作满意度之间的关系，研究发现A型外控人格的工作满意度较低，并且心理健康问题最多。顾寿全等[49]采用大五人格简易量表对5765名大学生进行问卷调查分析，研究发现严谨性、外向性、宜人性和开放性人格与心理健康各维度及总分负相关，神经质与健康各维度正相关。

3）组织情境

相关学者研究发现组织支持感知、组织氛围、领导支持、工作满意度、领导承诺、不安全感知、组织公平感等组织变量能够预测员工的心理健康。潘孝富[50] 研究了组织对教师和学生心理健康的影响，发现组织氛围对学生以及教师的心理健康产生显著正向影响。李儒林[51] 研究发现高校营造高水平的组织氛围，有助于提升大学生的心理健康。李宁等[52] 采用K10问卷对辽宁省3946名医务人员进行了调查研究，发现组织公平感和职业风险能够预测员工的心理健康。综上可知，当前研究较少涉及心理社会安全氛围以及安全压力对心理健康的影响研究。

目前，国内外关于心理健康调查对象的研究，主要集中在文化层次较高的白领和蓝领职业群体，对文化层次较低的高危行业人群，尚缺乏对心理健康的深层次探讨。中国煤矿工人的工作条件和职业风险存在特殊性，不仅其心理健康的体验以及形成过程与白领职业群体存在较大差异，而且与其他非艰苦行业的蓝领职业群体也存在较大差别。针对矿工存在的心理问题，如何进行有效预防和改善，尚需进行深入研究。

2.2.3 安全行为研究评述

（1）安全行为的定义

20世纪90年代以来，安全行为学科逐渐引起了学者们的重视。安全行为学是心理学、组织行为学、生理学、政治经济学、人因工效学、社会学、法学和管理学等多学科交叉结合而建立起来的学科，用于探索、认知和分析个体行为的影响因素和发展趋势，帮助学者掌握安全行为的产生情境和运行规律，是实现提升安全行为、避免不安全行为和预防操作失误行为的应用型学科。目前，关于安全行为的研究包含了个体行为、领导行为、团队行为和组织公民行为等，通过揭示个体的行为规律，制定行为准则来规范人们的行为，以确保工作场所的生产安全。

大多数学者从安全行为的对立面不安全行为来解释安全行为这一概念。我国《企业职工伤亡事故分类标准》（GB 6441—1986）对不安全行为概念进行了界定：不安全行为是指生产过程中，个体故意违反公司章程、行为准则、法律法规和操作规程等具有危险性的行为，由此会导致严重的行为结果，甚至会诱发安全事故。人和机器是相互作用的整体，个体出现操作失误、故意违章作业或者是动作超过了机器可承受的范围都可以理解为不安全行为，也可以将不安全行为理解为可能会引起事故或者历年来已经造成事故的个体行为，这种行为是事故发生的根本原因。部分学者从行为的产生过程对安全行为进行定义，即人的安全行为在外部环境的刺激下，个体的生理机能进行了理性的信息加工，并做出正确的行为回应，由此来实现既定的安全生产目标。

目前，学者们普遍采用行为安全管理方法（behavior-based safety，BBS）实现行为管理，该理论以事故致因论、ABC理论、零事故哲学和冰山理论为基础，采用ABC分析法进行不安全行为的评价，确定员工的关键行为。管理者经过严格的培训后实施BBS管理，对作业现场的不安全行为进行观察并及时纠偏，有助于营造安全的作业氛围，提升组织的安全绩效。

（2）安全行为的结构维度

相关学者对安全行为的结构维度进行了划分。Motowidlo和Van Scotter[53] 认为个体行为包含了任务行为和情景行为两部分，任务行为是指员工的被动型行为，即个体作业时履行的责任和义务，个体或领导必须遵守，例如安全法律法规、行为准则、操作守则和组织制度等；情景行为是指员工的主动型行为，即个体作业时发挥自身的积极主观能动性所表现出的行为，例如参加安全会议、倾诉安全意见和乐于帮助同伴等。在此基础上，Oliver等[54] 将安全行为区分为结构型和交互型2种类型。2000年，Neal和Griffin[55] 采用安全参与行为和安全遵守行为两个维度来评价员工的行为安全绩效水平，其中安全遵守行为是指员工根据操作流程、行为规范和组织规程进行作业的行为表征，安全参与行为是指员工自觉维护组织安全所表现出的行为，例如参与班组安全讨论、帮助同事安全操作和表达安全见解等，个体的积极行为是安全意识和安全态度的体现，有助于组织安全氛围的构建，同时会间接地提升企业安全绩效。目前，国内外学者普遍采用Neal提出的结构维度进行研究。

（3）安全行为的影响因素

1）心理影响因素

心理学的研究领域广泛、研究对象丰富，国内学者郭伏把影响人的行为的心理因素分为性格、能力、动机、情绪、意志。有些学者将影响行为的心理因素区分为人格特征、情绪、意识、态度和能力。Paunonen等[56]对大五人格特征进行了比较，并从各维度（外向，神经质，责任心，亲和性，开放性）对个体行为进行预测。一些学者应用认知心理学理论来阐述不安全行为的产生机理。人的行为决策受信息加工的影响，Rasmussen[57]根据人的3种认知类型——知识认知、规则认知和技能认知，将不安全行为归为对应的3种类型：基于知识的行为、基于规则的行为和基于技能的行为。Reason[58]认为个体的不安全行为存在3种水平——关系、概念和行为，并且将不同的不安全行为水平和认知阶段相关联，以期从概念上探索不安全行为的诱因，由此提出了3类不安全行为：过错、失误和错误。基于该研究，部分学者对驾驶员的不安全行为进行分类，总结得出影响行为的3种因素：违章、失误和错误。

组织行为学和社会心理学中相关行为研究，强调了意识形态和工作态度对安全行为的影响。从安全准则定义的行为包括故意违章、将近失误和人为错误；从安全结果来定义的行为包括相关事故行为和相关安全行为。Borman等[59]提出了工作绩效理论，基于该理论，Neal和Griffin[60]提出了安全绩效这一概念，包含两个维度：安全参与和安全遵守，同时探索了影响安全绩效的主要因素：安全知识、工作动机和操作技能。Glendon和Litherland[61]对道路施工人员进行了调查研究，通过专家打分评价方法归纳出4种关键行为：防护装备的佩戴、设备养护、交通安全意识和其他类别。不安全行为、故意违章行为和反生产行为仅仅是其他因素的结果表征，不仅受个体的态度影响，还受社会规范和习俗等社会因素的影响。个体行为的复杂性要求研究人员不能孤立地看待不安全行为，应该考虑到不同行为之间的内在联系，结合各种不安全行为现象背后的组织因素和社会因素进行深入研究。

2）团队影响因素

工作体系应基于团队协作，而成功的工业系统必须考虑群体或团队的作用。在现在复杂的社会技术系统中，人们是以团队的形式与设备、技术交互作用，不安全行为普遍存在，并且难以避免，这就需要成员之间交叉检查，协同工作。目前的安全管理方式也正在由严格的个人倾向转变为互相依赖的团队协同。团队因素变量对系统安全具有重要影响。

Helmreich[62] 认为大多数飞行事故中的不安全行为，源自沟通、合作和决策等团队因素的缺陷中。Mearns 等[63] 在安全氛围的研究中发现，工作团队的文化体系对员工安全感知尤为重要。Siu 等[64] 调查发现，员工对团队的认可程度与事故发生率显著相关。这些研究虽然并不是真正意义上的团队因素研究，但其强调了知识、群体活动、团队态度、团队文化的重要性，强调了在不安全行为研究中，需要重视团队因素的作用。

3）组织影响因素

组织因素包含了宏观层面和微观层面两部分，各班组根据维度和重要性的判别来做出安全响应。实证研究结果表明：微观层面的组织因素是群体安全行为决策首要考虑的内容，同时能够预测安全参与管理行为[65]，大多数微观层面的组织因素会受到高层管理者提出的安全承诺、决策方案和应急变通对策的联动机制影响。微观层面的因素是指管理者的安全经验、各类危险源、班组长的安全态度和领导的行为表征等；宏观层面的因素是指各层管理者的工作支持和安全承诺、企业的经济效益和社会的政治文化等。De Pasquale 和 Geller[66] 研究发现，员工对组织的信任和管理者的能力认可，会影响到个体的工作投入水平和努力程度，由此会影响到个体的行为安全。

4）社会影响因素

社会是个体、组织和政府相互作用运行的整体，个体的行为与社会因素紧密相连。社会中的家庭关系、组织政治、经济效益和国家政策因素，或多或少会影响到个体的行为决策。安全生产需要个体集中注意力、情绪平和地进行作业，然而，社会、组织和家庭的种种职业风险因素会影响个体的工作情绪并造成心理困扰，员工很难全身心地投入到工作中，出现工作分心和行为滞后的现象，进而导致了不安全行为的发生，很可能会诱发事故。此外，区域文化、权利距离和社会舆论对个体的行为起到了规范和约束作用，个体会选择性地考虑这些因素的影响并做出行为追随。

2.2.4 安全变革型领导研究评述

安全变革型领导（safety-specific transformational leadership）源于变革型领导的研究，与其他类型的领导风格相比，安全变革型领导更重视组织和员工的安全绩效。本节对安全变革型领导的定义、结构维度和结果变量进行评述。

（1）安全变革型领导的定义

变革型领导是领导的一种行为表征，领导通过自身的行为方式，来满足员工的多元化工作需求，并且激励个体实现自身的人生价值。领导帮助员工领悟工作的内涵和意义，不断提升个体的工作追求和人生目标，通过自身的努力来完成组织工作绩效，同时为实现组织更高水平的工作目标而奉献自身力量[67]。

变革型领导主要表现在领导的魄力上，领导者往往能为员工营造和谐的工作氛围，并且为其勾勒出一份美好的未来愿景，通过自身的行为规范和工作实践，潜移默化地影响下属信仰和行为追随，强化个体对组织的信任感和依赖感，使组织的生产目标同向化，个体通过共同努力来提升组织的绩效水平[68]。

2002 年，Barling 等[69] 提出了安全变革型领导概念，基于变革型领导理论，同时紧密结合安全绩效而产生一个全新概念，将其定义为管理者将自身的工作出发点和工作投入聚焦于员工的人身安全，不仅要确保员工的生产安全需求，而且要促进企业实现更高的安全生产目标。Barling 认为安全变革型领导和员工之间的关系是相互交换的过程，领导的思维和决策会影响到员工的工作态度和行为，同时员工能够向领导者倾诉自身的安全期望。通过领导和员工的双向影响，增强员工对组织的信任感和归属感，员工通过不断规范自身的行为安全，以实现组织的安全目标。

综上可知，安全变革型领导是组织安全文化构建的核心部分，领导者与员工之间是相互交换的主体，当领导为员工描绘出长远的组织安全愿景，并以身作则努力实现安全目标时，相对应的安全氛围随之产生，有助于增强员工对组织的认同感，激发员工的工作热情和主观能动性，通过提高工作投入来实现安全目标。

（2）安全变革型领导的维度

安全变革型领导源于变革型领导的研究，因此其结构维度引用了变革型领导的结构。相关学者普遍采用了 Bass 提出的四个维度展开研究：领导魅力、组织愿景、潜能激发和个性化关怀。领导魅力是指管理者以自身的价值观、人生观、安全意识及行为表征潜移默化地感染下属并产生行为追随；组织愿景是指管理者为员工明晰了未来发展愿景，同时提出对应的可行举措；潜能激发是指管理者提供条件激发员工的潜在能力，帮助其学会在工作中变通；个性化关怀是指领导倾听员工的工作诉求和安全期望，同时采取有效的管理举措来应对。

Bass 编制了变革型领导量表（multifactor leadership questionnaire, MLQ），获得了国内外学者的高度认可，相关学者应用该量表展开了广泛研究，证实了这一量表有较好的信度和效度。随着变革型领导在各领域和各区域研究的深入，部分学者对 Bass 提出的结构维度产生了质疑。Howell 等[70]对历年数据进行了分析，并应用一个维度对变革型领导进行了测量，发现单维度的量表同样能很好地预测单位绩效。Dvir 等[71]则认为 MLQ 量表的题目较为复杂，各维度应精简一个题目，从而提升 MLQ 的结构效度。安全变革型领导量表更重视组织的安全目标，各维度包括：领导魅力是指管理者为保障员工安全而付出的行为实践和安全承诺；组织愿景是指管理者为员工描绘了美好的组织安全愿景；潜能激发是指管理者激发员工的创新思维，提升其安全应急变通行为；个性化关怀是管理者对员工的行为安全和心理安全高度重视，并提出相应对策来解决这些问题。

（3）安全变革型领导的结果变量

大多数学者从领导认同和信息加工两个维度，分析了安全变革型领导对工作绩效的影响[72]。领导认同理论是指安全变革型领导的行为表征，与员工的意识、价值观和期望相符合，有助于获得员工的高度认可，员工以此为标榜对自身的行为进行适度调整。领导认同是员工对领导作风的共同感知，当员工感受到自身信念和价值观与领导不协调时，会及时调整自身态度和想法，以实现与领导观念协同[73]。安全变革型领导被视为一种工作信息源，个体对信息的识别存在选择性，通常会筛选对自身有益的信息进行加工，在领导-成员关系交换的过程中，员工往往会过滤和充分利用利己的信息[74]。

自安全变革型领导概念提出以来，学者们基于该理论展开了广泛研究，相关研究主要集中在安全变革型领导的影响结果变量上。安全变革型领导源于员工的安全并应用于安全管理领域，因此多数研究与安全结果密切相关[75]。其次，安全变革型领导是一种积极的领导风格，多数研究通常会与消极型领导展开比较[76]。Barling 探讨了安全变革型领导对职业伤害的影响，发现安全变革型领导通过安全氛围感知和安全意识来影响安全相关的事件，从而实现对职业伤害的预测，这种领导风格不仅能塑造企业的安全氛围，同时能够提升个体的安全意识。Conchie 和 Donald[77] 对 150 名英国石油行业的管理者和从业人员进行了调查研究，并分析了安全变革型领导与安全公民行为之间的关系，研究发现安全变革型领导通过基本信任和信任倾向的中介作用，对安全公民行为产生正向影响。Jung 等[78] 研究发现安全变革型领导不仅能够直接影响员工的安全行为，而且通过安全氛围和安全动机的中介作用对安全行为产生间接影响，该研究明晰了安全变革型领导和安全行为之间的关系。

2.3 现有研究不足

（1）心理社会安全氛围研究方面

国外关于心理社会安全氛围的研究，主要集中在对其概念界定、问卷开发、结构梳理以及结果变量的分析。大多数学者分析了心理社会安全氛围作用与工作需求资源模型的影响路径，以及与 JD-R 结果变量之间的关系，包括工作压力、组织行为、抑郁症状、心理健康问题、工作欺凌和工作投入等。部分学者研究了心理社会安全氛围、工作需求和工作资源之间的交互作用对工作绩效的影响。

近年来，国内关于心理社会安全氛围的研究，尚处在概念区分和理论界定阶段，相关的应用型研究相对较少。随着高层管理者逐渐意识到心理社会安全氛围重要性，越来越多的学者加入到这一理论的实践应用研究中来。国内的研究存在以下不足之处：

① 缺乏开发符合中国情境的心理社会安全氛围量表；

② 缺乏心理社会安全氛围在安全领域的应用，尤其是对高危行业员工的心理和行为影响研究；

③ 心理社会安全氛围在中国情境下，是否能够缓解矿工的工作压力，改善员工的心理健康，并提升安全行为水平，仍需进行深入研究。

（2）安全压力研究方面

工作压力普遍存在于各组织和各类型的职业中，国内外相关学者对工作压力的后果变量进行了广泛研究，包括工作绩效、心理健康、工作满意度和离职倾向等。虽然在安全领域，相关学者对安全压力与安全行为之间的关系进行了研究，发现安全压力与不安全行为显著正向关。然而，研究对象主要为核电工作者、建筑工人和消防员等，较少研究关注矿工的安全压力对安全行为的影响，而安全角色模糊、安全角色冲突和人际安全冲突这三种安全压力对安全行为的影响是否存在差异，以及如何进行安全压力的预控管理，尚缺乏深层次的研究。

（3）心理健康研究方面

目前，员工的心理健康问题引起了组织的高度重视，国内外相关专家学者对其前因变量进行了研究，希望能找到改善心理健康的有效手段。通过对前人提出的影响心理健康因素进行归纳总结，发现主要包括个体人格因素、人口统计学变量、工作特征、领导风格和组织特点等。从前期研究综述可以看出，国内外已有部分学者直接或间接地对工作压力和心理健康之间的关系做了研究，然而，研究对象主要为教师、护士和消防员等职业，较少研究煤炭企业矿工的心理健康影响因素，以及如何控制影响心理健康的职业风险因素，同时如何从组织视角来提升员工的心理健康水平，鲜有学者进行深入的研究。

（4）跨层次影响安全行为的研究

矿工安全行为的影响因素涉及个体心理因素、组织因素、团队因素、社会因素和领导因素等多重影响，这些因素涵盖了组织、团队、群体、领导和个体等多个层级。然而，目前大多数关于安全行为的研究集中在单一层次，例如：从个体层面的人格特征和安全心理视角，分析对矿工安全行为的影响；从组织层面的安全氛围、领导风格和组织支持等视角，研究与员工安全行为之间的关系。单一层次的研究视角，并不能系统地揭示安全行为的产生过程和影响机理，需要引入高层次的变量，从组织、团队和领导层面探讨对安全行为的影响机制。因此，系统地分析影响安全行为的作用机制，需采用多层次分析法探讨组织、团队和个体之间的相互作用对安全行为的影响。

常见的方差分析局限于同层次的数据处理，不能探究多层次变量间的影响机制。多层线性模型克服了以往统计方法在多层数据处理的局限性，该方法能区分组织层次和个体层次的变异，因此能够研究组织层次和个体层次间的作用机制。该研究涉及组织层次和个体层次两个水平，因此选取多层线性模型，探讨组织层面（心理社会安全氛围）对个体层面（安全压力、心理健康和安全行为）的影响机制，以及安全变革型领导（组织层面）在这一关系中发挥的作用。该方法有助于结合宏观观点和微观观点，全面系统地解释组织对个体行为的影响机理。

第3章

理论模型与研究假设

本章采用归纳演绎方法对相关基础理论进行推演，构建了心理社会安全氛围对安全行为影响的机理模型，并对各研究假设进行了推敲，为实证研究奠定了基础。

3.1 理论基础

3.1.1 资源保存理论

（1）资源保存理论内容

Hobfoll[79] 在1989年首次提出资源保存理论（conservation of resource theory，COR），用来解释资源在个体与组织之间的作用。该理论认为个体会尽力保护、珍惜和维系他们所拥有的资源，当发现资源出现损失时，会给他们带来较大的不安全感。当个体拥有充分的资源时，个体的心理和行为不会受资源损耗影响；反之，个体资源出现匮乏时，个体所拥有资源并不能满足其需求，那么个体可能会做出错误的行为来获取资源。

COR理论中，资源分为四类：

一是物质性资源，与社会经济地位紧密相关，是抗压能力的重要决定性因素，如住房、汽车等；

二是条件性资源，为个体获得关键性资源创造条件，决定了个体或群体的抗压潜能，如权利、婚姻、朋友等；

三是人格特质资源（尤其是积极的人格特质），是个体内在抗压能力的重要因素，如自我效能、自尊、心理资本等；

四是能源性资源，帮助个体获得其他三种资源的资源，如知识、金钱、时间等。

根据资源对个体的行为决策影响存在差异，形成了两条不同的螺旋效应，即丧失螺旋（loss spiral）和增值螺旋（gain spiral）[80]。丧失螺旋是指当个体感知到自身拥有的资源匮乏时产生压力，这种压力得不到及时的排解，相对应的资源投入无法与之平衡，这样会导致资源的加速流失。增值螺旋是指当个体感知到拥有充分的资源时，会有足够的自信和能力来获取更多的资源，同时利用获取的资源来实现往复的叠加效应。当资源获取螺旋的形成速度不及损失螺旋时，资源缺乏的人更容易陷入损失螺旋中。基于此，可产生如下 3 个相互关联的推论。

1）资源保护的首要性

对个体而言，越珍贵的资源获得难度越大，对其损耗就越敏感。所以，个体对自有资源的保护意识强于对多余资源的获取意识。当面临资源损失时，个体更倾向于首先采取行动防止其继续丧失，避免形成损失螺旋，以减少损失。

2）资源获取的次要性

尽管获取多余资源的重要性不及保护珍贵资源，但拥有更多资源不仅可以降低其他资源损失的风险，而且资源本身也可以创造获取其他有价值资源的机会。所以，当不存在较大压力时，人们就会努力积攒资源，以期实现增值螺旋。

3）创造资源盈余

个体总会试图利用机会创造资源盈余，以抵御未来可能面临的资源损失。现实中，个体总是承载多重角色，而资源总是稀缺且分布不均。为了增加资源存量，个体竭力避免损失螺旋、培育增值螺旋，则更愿意将资源投入到那些回报率高或风险小的角色行为中。所以，个体会事先对多重角色进行认知性评估，以此决定降低或放弃什么角色，投资什么角色。由此可见，理论揭示了个体有对资源的保存、获取和利用的心理动机，不同的资源处理动机会对心理、态度、行为产生不同的影响。基于该理论，可以从资源的损耗和收益视角对个人的不同态度及行为反应进行区别分析。

（2）资源保存理论对心理与行为的影响

资源保存理论从工作资源和工作需求两个视角来预测员工的心理状态和行为表征。员工出现负性情绪和情感耗竭是由于组织中存在复杂工作需求，而当个体感受到组织或社会为其提供工作资源时，能够积极投入工作中，有助于缓解员工的负性情绪和工作压力。

1）工作需求对心理的影响

关于工作需求的研究，主要集中在由工作需求产生资源损失而导致的个体心理失衡结果，其中研究员工出现心理问题的诱因占主导地位。相关学者研究发现，当员工面对高强度的工作需求时，由于个体的应变能力、经验及心理素质的不足，通常会导致所拥有的资源产生螺旋损耗，久而久之出现工作倦怠、心理压抑、情绪波动和心情抑郁等心理问题。员工通常会努力调用所拥有的资源来应对既定的工作需求，这种消耗往往会导致资源加速损耗，由此员工的各种心理问题也会随之产生[81]。此外，部分学者研究发现除工作需求外，组织因素、社会因素、领导行为因素和个体态度等同样会导致资源的不平衡。

2）工作资源对行为的影响

工作资源侧重于研究工作资源能否带来相应的绩效增值，通常从压力缓解、行为规范和态度转变的视角进行研究。相关学者分别从组织资源和个体资源两个视角对员工行为的影响展开了研究。

① 个体资源对行为的影响：个体心理特质属于自身拥有的宝贵资源，能够影响到个体由资源损耗产生的行为结果。充裕的个体心理资源赋予了个体灵活应对工作压力的能力，以及较高的工作绩效水平[82]。Li 等[83] 研究发现，主观幸福感作为个体的一种情绪资源，能够帮助个体满足工作中出现的情感和心理需求，进而产生资源增值，避免员工不安全行为的发生。相关学者依托 COR 理论，将个体的心理资本归属于个体的心理资源，展开了对工作结果的研究，发现心理资本与工作满意度和工作绩效显著正相关，与离职倾向显著负相关[84]。COR 理论强调了充分的个体心理资源是工作绩效的前提保障。

② 组织资源对行为的影响：组织资源通常来自社会、团队和群体，当员工感知到组织对其工作、家庭、情感和心理的支持时，会充分利用组织资源，获取利己的自身资源，从而实现资源增值螺旋，有助于提升员工的工作绩效。当个体获得了组织提供的资源时，会感受到组织的信任和重视，同时自觉维护组织利益，并竭尽全力完成工作目标来回报组织[85]。这种资源的互换，能够使个体和组织实现双赢，增加两者之间的相互信任和承诺。

3.1.2 工作需求-资源模型（JD-R）

（1）工作需求-资源模型内容

2001年，Demerouti等[86]根据资源保存理论，提出了工作需求-资源模型（job demand-resource，JD-R），该模型是指各职业都存在特定的风险因素与工作压力紧密相关，这些因素包含了工作需求和工作资源两个维度。因此，JD-R模型从工作资源和工作需求两个视角，对员工的工作压力产生机制进行阐释。工作需求是指特定工作情境下，对身体、心理、社会以及组织方面的相关要求，需要员工付出心理、情感和认知方面的努力来应对，很可能对心理健康产生负面影响。工作资源包含身体、心理、社会以及组织方面，通过资源的付出，减少由工作需求产生的身体和心理影响，有助于个人成长和实现工作目标。资源包括组织资源、社会资源和个体资源等，其中组织资源涵盖了工作设计、策略执行和目标规划等，社会资源包括领导支持、同伴支持和家庭支持等，个体资源包含积极心理特质、认知规范和安全感知等要素。相关实证研究发现，个体拥有充分的工作资源，能够提高其工作绩效水平[87]。JD-R模型关于工作资源的研究，主要集中在组织资源方面。

（2）JD-R作用机制

工作需求和工作资源条件下会分别激发不同的心理反应过程。一种是"健康损耗过程"（health erosion process），是指工作设计不合理，导致员工产生较高的工作和情绪需求，通过精力和体力的不断损耗，造成了较大的工作压力，进而影响到心理健康问题。另一种是"动机激励过程"（motivational process），是指工作资源能够使员工自信满满，并且可以激发其工作潜能，使其能够保持较高的工作投入水平，很可能会提升工作绩效[88]。JD-R模型见图3-1，工作资源和工作需求存在交互效应，其中工作资源能够减小由工作需求产生的工作压力、工作倦怠和心理困扰的影响强度[89]。包括赋予员工自主性、提供充分的同伴支持和领导支持以及工作问题的及时反馈等，都能够减缓由工作需求产生的负面影响。

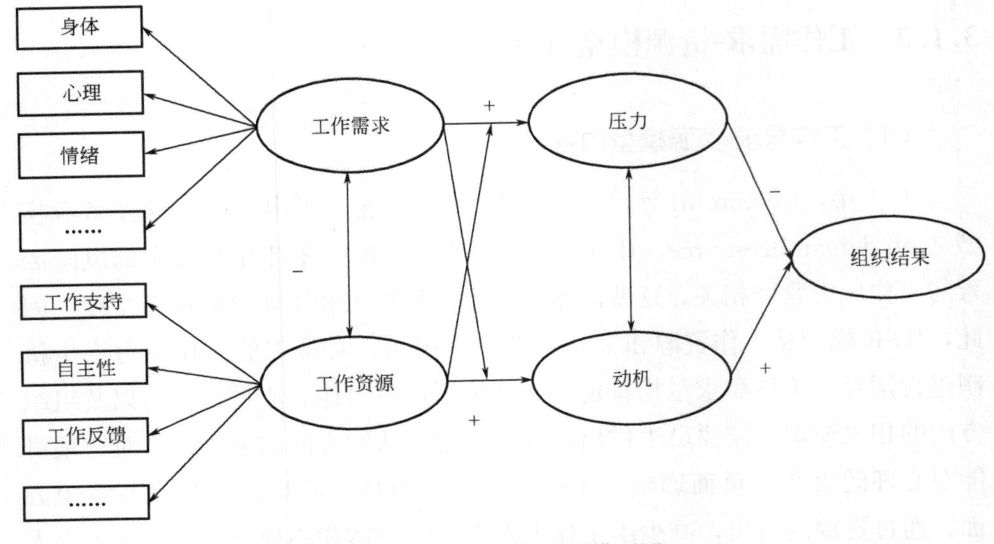

图 3-1 工作需求-资源模型图

3.1.3 社会交换理论

(1) 社会交换理论提出

社会交换理论（social exchange theory）最早由美国著名社会学家乔治·霍曼斯于 1958 年提出，其核心思想涵盖了政治经济学、心理行为学、社会学和人类学，主要用来解释个体的行为交换过程。霍曼斯的理论强调了个体的心理因素，认为个体的心理和行为创造并维系着社会活动。然而，霍曼斯认为社会交换原则是对等的，没有考虑到现实生活中存在的不对等交换，由此脱离了实际。著名心理学家彼得·布劳在其《社会生活中的交换与权力》著作中，从心理学视角出发，对社会交换的内涵进行了阐释，他从宏观和微观视角研究了交换过程，认为人的行为受到社会结构的约束[90]。上述学者均将功利主义经济学和行为主义心理学作为社会交换理论的理论基础。

1）功利主义经济学

功利主义经济学思想源于亚当·斯密。斯密在《国富论》中认为，商品之间的交换是从古至今一切社会、民族所普遍存在的经济社会现象。参加交换的各方都期望从交换中获得报酬或利益，从而满足自身的某种需要。在人们的生产与生活过程中，权衡所有可行的选择，理性地选择代价最小且报酬最大的行为是人的本性。这种功利主义的经济学思想对社会交换理论的产生起到了极大的促进作用。霍曼斯将功利主义经济学的几条基本原则融入社会交换理论中，包括：与他人交往时人们总是试图得到一些好处；人们在社会交往中常常核算成本与收益；人并不具备可供选择的完备信息，但却知道有些信息是评价成本与收益的基础；经济交换知识是人们普遍交换关系的特例；人们的交换包括物质交换与非物质交换。

2）行为主义心理学

以巴甫洛夫和斯金纳等为代表的行为主义心理学观点也为社会交换理论提供了强大的理论支撑。俄国生理学家伊凡・巴甫洛夫（Ivan Pavlov）认为，借助于某种刺激与某一反应之间的已有联系，通过练习，可以建立起另一种中性刺激与该反应之间的联系，并将其界定为经典性条件反射理论。这一理论建立在巴甫洛夫铃声与狗的实验基础上。巴甫洛夫通过实验发现，当将食物呈现时，狗分泌的唾液开始增加。这是一种自然的生理现象，是狗的本能反应。随后，在给狗提供食物之前的半分钟响铃（中性刺激，即一个并不自动引起唾液分泌的刺激），并观察和记录狗的唾液分泌反应。研究发现，在铃声与食物反复配对并多次呈现之后，狗逐渐“学会”在只有铃响，但没有食物的情况下分泌唾液。这表明经过条件联系的建立，将一个原是中性的刺激与一个原来就能引起某种反应的刺激相结合，使动物学会对中性刺激做出反应，这就是经典性条件反射的基本内容。

霍曼斯将斯金纳从动物行为实验中所确立的命题引入社会交换理论中，行为主义的此类命题包括：在任何情况下，机体都将产生能够获得最大报酬或最小惩罚的行为；机体将重复过去曾被强化的行为；在与过去行为得到强化的类似情境下，机体将重复此类行为；机体越容易从某一特定的行为中得到好处，就会越认为该行为值得，因此，产生替代性的行为以寻求其他报酬的可能性变小。霍曼斯将亚当・斯密等人的功利性经济学观点与斯金纳等的行为心理学观点充分融合在一起，形成了社会交换理论的主要思想。

（2）社会交换理论内容

社会交换依托两个条件：第一，目标的实现需要和他人相互作用；第二，行为双方主体应该采取合理的措施。虽然不同学者的观点存在差异，但是他们一致认为社会交换是依靠互惠原则，保持着相互依存、相互信任的交换关系，有助于互惠双方构建长期持久的亲密关系。

1）交换原则

互惠原则是社会交换理论的核心原则，Cropanzano 等[91] 将互惠原则划分为三种：依赖型互惠、民俗信念型互惠和规范型互惠。

① 依赖型互惠源于人们互动的方式，常见的互动关系包含了完全独立、完全依赖和相互依赖三种。社会交换需要交换个体共同付出来获得相应的回报，倘若一方不作为则不会出现交换。在依赖型互惠关系中，双方会为彼此的行为做出及时响应，当个体由于对方的行为受益时，会以类似的行为予以回报。由此可知，依赖型互惠是一种持续、稳定的交换循环。

② 民俗信念型互惠强调了个体由文化情境所赋予的执念。个体根深蒂固的文化观念，会影响到人的行为结果。中国的儒家文化思想与美国的个体主义思想存在显著差异，这会影响个体行为决策的立场。

③ 规范型互惠强调了对交换的约束，包括应该遵守相关的规程和制度，如果违反则要给予处罚。互惠原则由于强制性而被广泛应用，同时由于文化之间的差异，人们对互惠原则的接受程度存在差异[92]。

2）交换资源

双方资源互换和获取是社会交换的前提，资源包含了精神、物质、心理和社会财富，个体会根据资源获取的难易程度进行博弈。Foa 等[93] 提出了6 种可以交换的资源：金钱、爱、地位、物质、服务和信息，由于各种资源的属性存在差异，其交换形式和交换周期也存在不同。金钱、物质和服务的特有属性相对较低，那么这些资源能够短期完成交换。而爱、地位和信息资源有较高的具体属性，它们需要在开放的情境中长期完成交换。部分学者也把资源划分为经济型和社会型，经济型资源用以满足金融市场的需求，通常是显而易见的资源，而社会型资源往往遵循社会活动规律，是一种无形且带有特别属性的资源。因两种资源的内在特质和归属不同，它们的交换方式和原则也存在差异。

3）交换关系

社会交换理论指出个体与个体之间或个体与组织之间会由于工作因素产生相应的连接，这种相互的关系定义为交换关系。组织为员工的作业提供支持和帮助时，潜在的交换关系由此展开，员工会以回报组织的行为做出响应。社会交换关系在员工行为决策中扮演了关键角色，平等、互利的作业氛围维系了交换关系的持续，推动了员工在工作中保持积极行为和乐观态度。

Blau 提出了社会交换和经济交换两种关系，其中社会交换对责任和义务的界定存在歧义，同时对回报的判别标准划分不清。与经济交换相比，社会交换能够增加员工对组织的信任和承诺，相应的契约精神随之产生，同时社会交换的时间成本十分高昂。组织生产活动中存在着各种各样的交换关系，涵盖了个体与领导、个体与同伴、个体与组织、个体与下属、个体与顾客等交换关系。相关学者从组织安全承诺、领导成员交换、安全氛围、领导赋权、知识分享等视角对这些关系展开了研究。

3.1.4 工作压力理论

（1）工作压力传统理论

传统工作压力理论代表性的学者为 Hendrix、Steel 和 Summers，他们对工作压力的相关概念进行了独立测量和分析，并且研究了压力对个体和组织的影响。部分学者将工作压力的诱因分为三种：组织情境因素、外部环境因素和个体人格特征因素，其中组织情境因素是最直观的诱因。Denisi 在此基础上对工作压力的诱因进行了延伸，涵盖了组织架构、个体人格、工作角色和组织过程四种因素。传统理论涉及了组织、个体和压力之间的相互联系，大部分关于压力的研究依托该理论进行探究。

（2）工作压力交互理论

1966 年，Lazarus[94] 提出了颇有影响力的压力交互理论，通过总结前人的研究，发现传统理论将组织、环境和个体作为协作整体，而没有充分解释压力的作用机理。交互理论融合了环境刺激因素和个体人格特征因素，交互遵循两个原则：一方面是个体和环境的相互作用；另一方面是个体和环境的融合关系超越了独立关系。压力的产生是环境和个体相互作用的结果，因环境的条件刺激致使个体做出的响应结果。压力的传导是一种动态演绎过程，即个体的压力会随着时间和作业氛围的变化而改变。交互理论强调了个体认知能力和客观需求之间的协调性，倘若个体缺乏自信或是感觉能力不足时，面对工作需求往往会产生压力。

（3）工作需求-控制理论

Karasek[95] 提出了工作需求-控制理论（job demand-control，JD-C），该理论指出工作压力受到工作需求和工作控制的双重影响。工作需求反映了工作任务的复杂程度，通常采用角色模糊、人际冲突和角色负载等压力源进行衡量。工作控制反映了工作中员工自主决定程度，即运用工作能力和自信心来完成工作内容。相关学者在此基础上结合了社会维度，随后发展为工作需求-控制-支持模型。

（4）付出-回报不平衡模型

付出-回报不平衡模型（effort-reward imbalance，ERI）指出，个体认为努力付出和获得报酬失衡时，会产生负面结果，例如工作压力和心理压力，其中抗压能力弱的群体较为显著。付出是指个体为实现组织目标而应承担的责任，回报是指组织回应个体所做的努力，包括物质奖励、精神鼓舞和职位升迁。ERI模型认为付出和回报应当呈正比例关系，如果员工辛勤付出而得不到相应的报酬，那么他们会以消极的心理、行为及态度来应对工作。

（5）压力-不平衡-补偿理论

Golparvar[96] 提出了压力-不平衡-补偿理论，该理论认为个体内在体系受到压力冲击时，会出现自信心下降、肌肉萎缩、心理困扰和血压突升等身心问题，个体为了重新保持身体机能的平衡，会采取相对激进行为来维持平衡。感受到高强度工作压力的个体，倾向于以消极的情绪和心态来面对，表现出不负责任的偏激行为。

（6）压力-情绪理论

Golparvar 等[14] 提出了压力-情绪理论，该理论认为压力会影响个体的心理感知和情绪释放，从而影响到个体的行为决策。由于压力源的种类复杂繁多，工作中员工或多或少地需要应对不同的压力，应对压力的过程会伴随着资源损耗，相对的交换意愿也会显著下降。

3.2 理论模型构建

本节采用工作需求-资源模型、资源保存理论、社会交换理论和工作压力理论解释心理社会安全氛围、安全压力、心理健康、安全行为和安全变革型领导之间的作用关系。

心理社会安全氛围体现了组织对员工的心理健康和人身安全的关怀，员工在这一组织氛围中能够获得福利报酬等物质型资源，同时也获得了晋升机遇、领导尊重、安全承诺、心理健康培训、变通能力提升等社会型资源。安全行为反映了员工对安全生产的执行力，角色内行为（安全遵守）和角色外行为（安全参与）都是员工对组织关怀的行动回应。组织和员工之间的付出是一个相互依存的整体，这种关系的亲密程度决定了双方的获得感。组织和员工之间的交换是一种典型的社会交换关系，其中心理社会安全氛围和安全行为是两者之间能够互换的资源，说明利用社会交换理论解释心理社会安全氛围和员工安全行为之间的关系是合理有效的。

根据工作需求-资源模型，工作压力源于工作需求，矿工通常在恶劣的井下作业，面对长时间、高强度的作业要求，这一情境下矿工往往存在较高的情感需求、心理安全需求和人身安全需求，复杂的工作需求容易产生工作压力。为了应对日常的工作需求，矿工需要消耗自身资源来满足工作需求。由于压力的种类不同，需要不同的资源来应对。根据资源保存理论，当个体的资源发生损耗时，很可能出现资源丧失螺旋，循环往复下去，个体的心理和行为会以消极的状态予以回应。因此，获取充分的个体资源和组织资源，是应对丧失螺旋的有效途径。当个体感知到组织资源充分时，会出现增值螺旋，个体所拥有的资源日益增长，由此会表现出积极的心理状态和行为表征。心理社会安全氛围作为一种组织资源，有助于缓解由资源损耗而产生的消极结果，如工作压力、心理困扰、工作倦怠、不安全行为和反生产行为等。当组织为矿工提供这种支持型的组织资源时，能够增加员工与组织之间的信任，进而对工作需求产生的工作压力起到了抑制作用。

根据压力交互理论，外部环境的刺激和个体人格特征之间相互作用，进而产生了工作压力。根据挫折-攻击假说理论和归因理论，Spector[97] 提出了压力-情绪理论。挫折-攻击假说认为当个体工作中遇到阻碍或是困难时，往往会产生心理困扰，并危及其心理健康，而个体通常会采取消极的态度进行反抗；归因理论认为刻意谋划的工作障碍和困难，会使受害个体做出更为消极的行为来应对。根据这些理论，推演出压力-情绪理论，旨在揭示由压力产生的消极心理对行为的影响机制。根据压力-不平衡-补偿理论，个体受到不同安全压力的冲击时，会出现工作倦怠和心理困扰等心理问题，个体为了能够保持身体机能的平衡，很可能会采取偏激的行为来应对，例如不安全行为。

安全变革型领导同样以社会交换理论为基础，探讨工作场所中领导与成员之间的关系。员工与组织之间的社会交换关系很可能会受领导和员工交换关系的影响。在中国的文化情境下，固有的人情社会和伦理道德观念决定了领导在组织中的地位，组织和员工的交换过程会受领导和员工交换的影响，领导会根据下属的工作能力、信任程度以及与自己的亲疏关系，来决定是否给予其交换资源，甚至会改变交换规则[98]。因此，本书研究分析安全变革型领导与心理社会安全氛围对员工安全行为影响的交互效应。

综合上述分析，构建心理社会安全氛围对矿工安全行为的影响机制模型，其中自变量为心理社会安全氛围，中介变量为安全压力和心理健康，调节变量为安全变革型领导，因变量为安全行为。心理社会安全氛围和安全变革型领导属于组织层次的变量，安全压力、心理健康和安全行为属于个体层次变量，构建多层次理论模型见图 3-2。

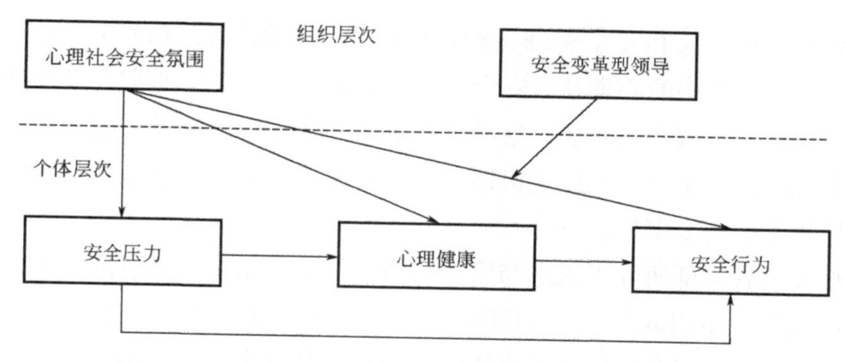

图 3-2　心理社会安全氛围对矿工安全行为的影响机制模型

3.3 研究假设

3.3.1　心理社会安全氛围与安全行为

社会交换理论能够合理地解释心理社会安全氛围与安全行为之间的关系。根据社会交换理论，个体的行为受既得利益交换活动的影响，而人的各种社会活动都会发生交换。员工和组织之间是一种相互依存的关系，通过资源的互换来完成社会交换，双方为了获得共同的利益而发生行为博弈，因此各自的行为表现会产生相互影响。心理社会安全氛围和员工安全行为是一种典型的组织和员工交换关系。心理社会安全氛围传达了组织对员工的安全承诺、心理健康等级优先以及组织安全责任，通过行为安全培训、心理健康沟通、公正的薪酬和晋升及全员参与安全管理等措施来体现组织的安全关怀。员工由此获得了社会资源、薪酬奖励、晋升机遇、荣誉称号、信息反馈等利益，根据社会交换的互惠原则，资源的获取有助于激发员工的义务感和责任心，员工会采取积极的态度和行为来回报组织。

当员工感知到组织为其营造的心理社会安全氛围时，会以实际行动来回馈组织。员工会自觉地遵守组织的安全制度、操作规范及行为准则，并且积极地参与班组会议和安全管理实践，同时乐于帮助同伴并及时提醒安全事项。相反，组织中的心理社会安全氛围水平较低时，员工通常会以自身利益至上，往往会忽视组织利益。这种组织资源的缺乏会削弱员工的主观能动性和安全意识，员工可能会以消极情绪应对，甚至会出现故意违章的不安全行为，导致发生安全事故。

相关学者实证研究了氛围与安全行为之间的关系，发现氛围与安全行为显著正相关。Griffin 等[55] 和 Oliver 等[99] 的研究揭示了安全氛围对安全行为的影响，发现安全氛围通过个体的安全知识和安全态度的中介作用来影响安全行为。在此基础上，Guo 等[100] 分析了建筑领域关键的安全氛围因素对安全行为的影响机理，研究发现管理者安全承诺显著影响了社会支持和生产压力，随后直接或间接地影响安全知识和安全动机，进而直接或间接地影响安全行为。叶新凤[101] 开发了符合中国煤炭企业情境的安全氛围量表，实证研究发现安全氛围与矿工的安全行为显著正相关。Brondino 等[102] 研究了组织氛围、团队安全氛围与安全绩效的关系，发现组织氛围通过团队安全氛围的中介作用，对安全绩效产生正向影响。由此可知，安全氛围与安全行为之间的关系十分明晰，该研究期望心理社会安全氛围与安全氛围对安全行为能够产生相似的结果。

部分学者对心理社会安全氛围与行为结果之间的关系展开了研究。Hall 等[23] 研究发现心理社会安全氛围与积极组织行为（例如工作投入和工作满意度）显著正相关。Bronkhorst 等[24] 对荷兰 52 个组织中 6230 名医护人员发放了问卷调查，采用多层线性模型进行数据分析，研究发现组织层面的心理社会安全氛围有助于增加员工的心理社会安全行为。Mansour 等[103] 对加拿大魁北克的 562 名护士进行了调查研究，发现心理社会安全氛围通过身体疲劳、认知疲倦和情感耗竭的中介作用，影响到员工的安全变通行为。Zadow 等[104] 研究发现低水平的心理社会安全氛围会增加心理健康的损耗，进而加重了自我报告类型的工作伤害。然而，鲜有学者探讨心理社会安全氛围与矿工安全行为之间的关系。综上所述，提出以下研究假设：

H1：心理社会安全氛围对矿工安全行为具有跨层次正向影响。

H1-1：心理社会安全氛围对矿工安全参与具有跨层次正向影响。

H1-2：心理社会安全氛围对矿工安全遵守具有跨层次正向影响。

3.3.2 安全压力与安全行为

根据压力交互理论，外部环境刺激和个体特征的相互作用，导致了工作压力的出现。与其他职业的工作氛围相比，矿工所处的作业环境相对恶劣，同时组织资源供给存在滞后性，员工会消耗个体的精力来应对，往往会出现情绪波动，这种环境刺激与个体情绪的交互作用，形成了工作压力。大多数学者研究了工作压力对安全行为的影响。Lu 等[105] 采用分层回归方法分析了工作压力对码头工人的安全行为影响，认为工作压力与安全遵守呈显著负相关，其中情绪智力在这一关系中起调节作用。姜兰等[106] 采用结构方程模型探讨了机场安检人员工作压力与不安全行为的关系，发现工作压力与不安全行为显著正相关。李乃文等[107] 采用结构方程模型，构建了矿工工作压力、心智游移与不安全行为之间的结构模型，实证研究发现工作压力通过心智游移的中介作用，正向影响矿工的不安全行为。

安全压力由 Sampson 于 2014 年提出，这一概念包含了人际安全冲突、安全角色冲突和安全角色模糊三个维度。人际安全冲突是指个体在人际交往过程中，与他人存在语言、肢体和价值观方面的分歧而引发冲突，可能会危及个体的人身安全；安全角色冲突是指个体的安全期望与实际环境不吻合，由此引发了角色冲突；安全角色模糊是指个体接收到的安全角色扮演信息与期望不相符，进而导致了角色模糊。

部分学者分析了安全压力及相关子维度与安全行为之间的关系。Gracia 等[108] 对来自西班牙两座核电站的 566 名员工进行了调查研究，发现角色模糊和角色负载两种角色压力与危险行为显著正相关，其中工作不满意和安全不满意在这一关系中起部分中介作用。Wang 等[109] 分析了天津市建筑工人安全压力对工作绩效的影响，研究发现安全压力的三个维度显著负向影响安全遵守，安全角色模糊负向影响安全参与，其中心理资本在这一关系中起调节作用。在此基础上，Wang 等[110] 对中国 332 名一线员工进行了调查研究，发现安全角色模糊和安全角色冲突负向影响主动安全行为，而人际安全冲突阻碍了亲社会安全行为发生。Yuan 等[111] 采用问卷调查分析了中国煤矿企业工作特征与工作绩效之间的关系，发现工作不安全和角色负载通过工作投入的中介作用影响到矿工的安全行为。周洁等[112] 研究了我国中学教师人际冲突与工作偏差行为之间的关系，发现人际冲突与工作偏差行为显著正相关。虽然安全压力与安全行为之间存在着紧密的联系，然而，针对矿工这一高危职业群体，安全压力及各维度对矿工的角色内行为（安全遵守）和角色外行为（安全参与）是否存在直接影响，以及是否存在显著差异，鲜有学者进行深入研究。根据上述分析，提出以下假设。

H2：安全压力对矿工安全行为产生显著负向影响。

H2-1：人际安全冲突对矿工安全参与产生显著负向影响。

H2-2：安全角色冲突对矿工安全参与产生显著负向影响。

H2-3：安全角色模糊对矿工安全参与产生显著负向影响。

H2-4：人际安全冲突对矿工安全遵守产生显著负向影响。

H2-5：安全角色模糊对矿工安全遵守产生显著负向影响。

H2-6：安全角色冲突对矿工安全遵守产生显著负向影响。

3.3.3 心理社会安全氛围与安全压力

工作需求-资源模型指出不同的职业都存在自身特定的职业风险因素，其中工作需求包括组织、社会和情感方面的要求，员工会通过自身资源消耗来应对，工作压力随之产生。根据 JD-R 作用机制，工作资源是缓解由工作需求所产生工作压力的有效途径。心理社会安全氛围是组织安全政策、安全实践和安全规程的变革，打破了传统的组织和员工之间的生态关系，使员工对组织氛围进行重新认知。心理社会安全氛围是组织在资源供给、工作控制、过程监控和工作条件修正的一种持续付出，当员工感知到组织的工作、心理和情感关怀时，会以积极的行为来回应，组织和员工的社会交换随之产生。

相关学者对心理社会安全氛围与压力之间的关系展开了广泛研究。Mansour 等[113] 对加拿大魁北克的护理人员进行了调查研究，发现工作家庭冲突影响了组织成本和员工幸福感，而心理社会安全氛围是缓解工作家庭冲突的有效途径，其中家庭-支持的管理者行为在这一关系中起部分中介作用。Havermans 等[114] 采用线性回归方法对荷兰 277 名医护人员进行了实证分析，研究发现低水平的心理社会安全氛围与高水平的压力显著相关，其中工作自主性和社会支持在心理社会安全氛围减小压力影响的过程中发挥了较小的作用。周帆和刘大伟[115]对心理社会安全氛围在工作需求-资源模型上的应用研究进行了综述分析，认为心理社会安全氛围是重要的组织资源，将该理论应用于JD-R模型时，能够从多层次的视角来解释员工的工作压力和心理健康的影响机理。综上分析可知，心理社会安全氛围作为组织层次变量，很可能会对安全压力产生跨层次影响，因此提出以下假设。

H3：心理社会安全氛围对矿工安全压力产生跨层次负向影响。

H3-1：心理社会安全氛围对矿工人际安全冲突产生跨层次负向影响。

H3-2：心理社会安全氛围对矿工安全角色冲突产生跨层次负向影响。

H3-3：心理社会安全氛围对矿工安全角色模糊产生跨层次负向影响。

3.3.4 心理社会安全氛围与心理健康

澳大利亚学者调查发现，每年由抑郁症及心理健康问题导致的组织成本支出高达80亿澳元，其中由工作压力和工作欺凌导致的成本支出达6.93亿澳元[116]。重视员工的心理健康问题，很可能是提升组织绩效的有效途径。

目前，关于矿工心理健康的研究，主要集中在影响因素的分析上。Liu等[117]采用分层线性回归方法，调查了中国2500名井下矿工抑郁症状盛行的影响因素，发现付出回报不平衡、组织过度承诺和工作家庭冲突是影响抑郁症状的主要因素。在此基础上，Liu等[118]探讨了改善矿工心理健康的方法，研究发现组织支持感知和心理资本的交互作用，有助于缓解矿工的抑郁症状和焦虑症状。Yu等[119]采用实验研究方法，针对行为安全管理实施前后掘进司机的心理健康变化情况进行了对比，研究发现BBS能够提升矿工的心理健康水平。基于该研究，Yu等[120]对中国896名井下矿工的心理健康问题进行了调查研究，发现矿工的抑郁症状和焦虑症状较为显著，工作家庭冲突与心理健康问题显著负相关，而心理资本在这一关系中起调节作用。Considine等[121]采用横截面研究方法调查了1457名澳大利亚矿工的心理健康影响因素，发现工作特征因素（较低的工作支持、财政因素、工作满意程度和工作不安全）影响到矿工的心理健康。根据上述分析，发现影响矿工心理健康的因素涵盖了工作资源、工作特征和个体心理特质三个方面。然而，鲜有学者从组织资源视角对矿工的心理健康问题进行改善。

心理社会安全氛围是组织在需求架构、规程制定和过程实践上关注员工的心理健康和行为安全。相关学者研究了心理社会安全氛围与员工心理动机和心理健康之间的关系。刘佳[122] 探讨了我国医务人员心理社会安全氛围、工作资源和工作投入之间的关系，发现心理社会安全氛围与工作投入显著正相关，工作资源在这一关系中起部分中介作用。Bailey 等[123] 对 1095 名澳大利亚员工进行了问卷调查，发现心理社会安全氛围能够预测员工的情感耗竭和骨骼紊乱症状。Idris 和 Dollard[124] 采用多层纵向研究方法对马来西亚私营企业的组织和员工进行了调查，发现情感需求在心理社会安全氛围与情感耗竭之间起部分中介作用，同时心理社会安全氛围是一种重要的组织资源，通过对工作条件的改善来缓解员工的抑郁症状。Pien 等[125] 对中国护士进行了调查研究，发现医院的心理社会安全氛围与女护士的健康状况有关。综上分析可知，心理社会安全氛围与员工的心理状态存在着紧密的联系，由此提出以下假设。

H4：心理社会安全氛围对矿工心理健康产生跨层次正向影响。

3.3.5 安全压力在心理社会安全氛围与心理健康间中介作用

根据工作需求-资源模型的作用机制，工作资源和工作需求的交互作用能够缓解工作压力，从而完成相应的组织目标。根据资源保存理论，个体拥有充分的资源往往会产生螺旋增益效应，有助于个体获取更多的资源。个体的资源通常在与组织进行社会交换的过程中获取，由此可知，组织资源在资源配置的过程中起到了至关重要的作用。根据压力-情绪理论，个体面对不同的工作需求会以资源消耗的形式来应对，同时影响到其心理状态。压力-不平衡-补偿理论认为，个体受到压力冲击时，会出现一些心理问题，为了重新保持身体及心理机能的平衡，会消耗资源。学界将心理社会安全氛围视为积极的组织资源，这一构念强调了组织重视员工的心理健康和行为安全实践。当员工感受到组织的心理关怀、安全承诺、组织责任和组织信任时，会以对等的义务、责任、承诺及心理和行为表现来回报组织。心理社会安全氛围作用于 JD-R 模型时，很可能通过对职业风险因素的预防控制，实现工作压力的缓解，维护员工的心理健康。

相关学者对工作压力的中介效应进行了广泛研究。Elçi 等[126] 对不同行业的 1093 名员工进行了问卷调查，发现道德型领导对员工的离职倾向产生负向影响，工作压力在这一关系中起部分中介作用。Schaufeli 等[127] 对 2115 名荷兰医生进行了调查研究，采用结构方程模型分析了工作狂、工作倦怠、幸福感以及角色冲突之间的关系，研究发现角色冲突完全中介了过度工作与工作需求之间的关系，同时完全中介了工作倦怠和幸福感之间的关系。Dale 等[128] 研究了两种领导风格对组织承诺的影响，发现领导风格会通过角色压力的减少来影响组织承诺。Law 等[129] 对 30 个组织和 220 名澳大利亚员工进行了调查研究，采用分层线性模型进行假设检验，研究发现心理社会安全氛围拓展了 JD-R 理论框架，其中组织层面的心理社会安全氛围有助于缓和工作欺凌，进而对心理健康产生积极影响。

根据上述分析，提出以下假设，相关关系见图 3-3。

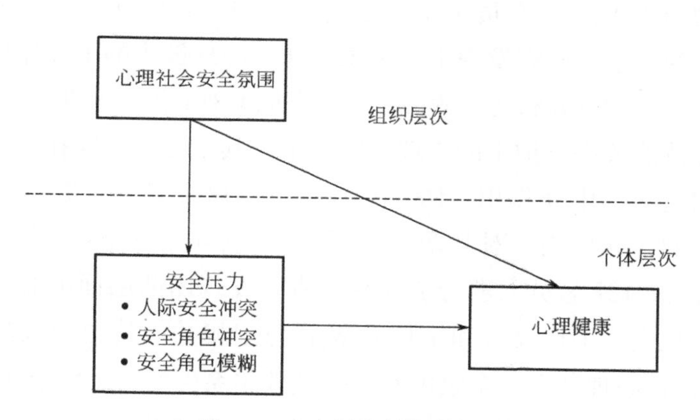

图 3-3　安全压力的中介作用

H5：安全压力在心理社会安全氛围与心理健康之间起跨层次中介作用。

H5-1：人际安全冲突在心理社会安全氛围与心理健康之间起跨层次中介作用。

H5-2：安全角色冲突在心理社会安全氛围与心理健康之间起跨层次中介作用。

H5-3：安全角色模糊在心理社会安全氛围与心理健康之间起跨层次中介作用。

3.3.6 心理健康在心理社会安全氛围与安全行为间中介作用

社会交换理论认为，组织中公平、互惠的行为交换能够产生关系交换，这种交换关系有助于推动员工的积极组织行为，其中交换关系起到了中介作用。心理社会安全氛围之所以能够提升安全行为水平，源于这一构念能够促进组织和员工之间的利益互换，形成对等的社会交换关系。根据社会交换理论的内在逻辑关系，心理社会安全氛围被员工视为组织的努力付出；心理健康映射出员工对组织付出的充分理解，其本质是员工感知到个体和组织之间的心理交换；安全行为是指员工的行为交换。由此可知，三者之间遵循了组织行动交换、员工心理交换和行为交换的社会交换过程。心理社会安全氛围不仅会影响心理健康，而且会通过心理健康影响安全绩效。

相关学者对心理健康的中介效应进行了实证研究。Emberland 和 Rundmo[130] 分析了挪威 260 名员工工作不安全感知、心理健康、离职倾向和危险行为之间的关系，研究发现不安全感知通过心理健康的中介作用，影响到员工的离职倾向和危险行为。Wong[131] 对香港 314 名护士进行了调查研究，发现工作支持能够提升护士的心理健康水平，其中心理健康在工作支持和安全绩效之间起部分中介作用。Reynolds 等[132] 研究发现家庭压力通过青少年心理健康的中介作用，对其亲社会行为产生影响。Idris 等[133] 对马来西亚 56 个团队的 427 名员工进行了问卷调查，发现团队层面的心理社会安全氛围与工作机会、工作投入和工作绩效显著正相关，其中积极的心理状态（工作投入）在心理社会安全氛围和工作绩效关系中发挥了跨层次中介作用。Mirza 等[134] 对马来西亚 190 名石油和天然气行业的生产工人进行了调查研究，发现心理困扰在心理社会安全氛围和安全绩效之间起中介作用。蔡笑伦等[135] 对 381 名银行职工进行了问卷调查，发现心理健康在心理资本和职业倦怠之间起部分中介作用。Bentley 等[136] 探讨了心理社会安全氛围、心理困扰、工作欺凌与离职倾向四者之间的关系，发现心理困扰在心理社会安全氛围与员工离职倾向之间起跨层次中介作用。由此可知，心理健康在工作资源/工作需求和工作绩效的关系中起到了一定的中介作用。根据上述分析，提出以下假设，相关关系见图 3-4。

H6：心理健康在心理社会安全氛围与安全行为之间起跨层次中介作用。

H6-1：心理健康在心理社会安全氛围与安全参与之间起跨层次中介作用。

H6-2：心理健康在心理社会安全氛围与安全遵守之间起跨层次中介作用。

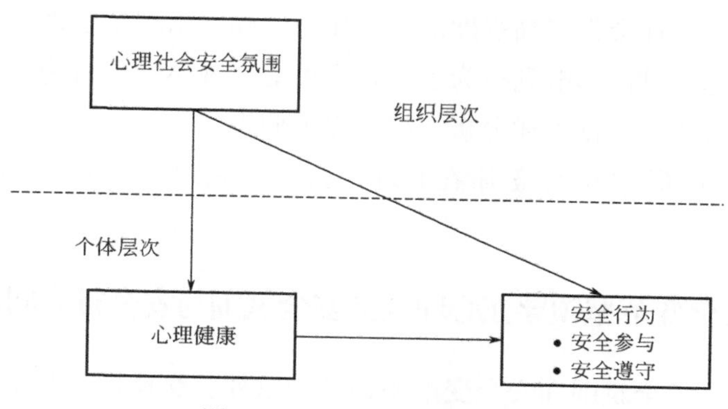

图 3-4　心理健康的中介作用

3.3.7　安全压力和心理健康的链式中介作用

假设 5 提出了安全压力在心理社会安全氛围与心理健康之间的中介作用，假设 6 提出了心理健康在心理社会安全氛围和安全行为之间的中介效应，然而，心理社会安全氛围对安全行为的间接影响路径尚不明晰。大多数学者对安全氛围影响安全行为的路径进行了广泛研究，发现安全意识和安全态度在这一关系中起部分中介作用，这里的中介变量主要涉及了个体的意识形态，而心理社会安全氛围则主要以心理状态作为中介变量，这两个概念对安全行为影响的中介路径相似。JD-R 模型中的“健康损耗路径”指出繁重的工作压力给员工带了心理健康问题，当员工出现心智游离、工作倦怠、心理困扰等负性心理情绪时，又会进一步影响到安全行为[137]，甚至会诱发安全事故。

心理社会安全氛围作为积极的组织资源，能够实现职业风险因素的控制管理。相关学者对心理社会安全氛围作用于“健康损耗路径”的影响进行了深入研究，发现心理社会安全氛围能够对消极工作结果进行有效预防。Yu

等[138] 探讨了心理社会安全氛围对中国井下矿工不安全行为的影响机理，发现心理社会安全氛围显著负向影响不安全行为，工作压力和工作倦怠在这一关系中发挥中介效应。高水平的心理社会安全氛围能够缓解员工的安全压力，以此来改善其心理健康水平，最终实现安全行为的提升。当员工感知到组织的心理社会安全氛围较低时，面对工作需求需要付出持续的资源损耗，而资源的匮乏往往会带来高强度的安全压力，随之出现了心理困扰和工作倦怠等心理问题，进而影响到行为表征，很可能出现不安全行为、反生产行为和违章操作行为。根据上述分析，提出以下假设。

H7：安全压力和心理健康在心理社会安全氛围与安全行为间起链式中介作用。

3.3.8 安全变革型领导在心理社会安全氛围与安全行为间调节作用

心理社会安全氛围和安全变革型领导均以社会交换理论为基础，前者关注了组织与员工的关系，后者关注了领导与员工的关系。韦慧民等[139] 研究发现，组织与员工的社会交换关系容易受领导与成员交换关系的影响。安全变革型领导可能是提升安全行为的突破口，领导自身的安全变革对员工的行为追随发挥了重要的作用。安全变革型领导对安全行为的影响表现在两个方面：安全变革型领导对安全行为的直接影响，安全变革型领导与心理社会安全氛围对安全行为的交互效应，其中交互效应是本研究的重心。

心理社会安全氛围是组织正式的交换信号，反映了组织和员工的正式交换关系；安全变革型领导是非正式的交换信号，反映了组织和员工的非正式交换关系。归因理论解释了组织中人的行为，安全变革型领导是归因机理中的人际关系交换，安全变革型领导水平影响了员工对组织的政策和行为判断是信任和互惠的，或是利己和约束的[140]。一方面，安全变革型领导水平较高时，领导和员工之间的紧密互动是强化组织和员工关系的纽带，有助于员工理解组织的积极信号：员工领悟到资源获取的手段，将心理社会安全氛围视为组织资源的持续投入，强化了员工对组织的信任和依赖，并对未来充满了愿景与期许，由此来激发员工的安全参与和安全遵守行为。另一方面，组织营造高水平的心理社会安全氛围能够使员工在交换中获得更多的利益，增强组织和员工的相互信任和承诺，有利于安全变革型领导和安全行为的联系。

部分学者对安全变革型领导与工作绩效之间的关系进行了深入研究。Mullen 等[141] 对贸易员工进行了横截面及纵向调查研究，并分析了安全变革型领导、雇主安全义务、安全行为和安全态度之间的关系，研究发现安全变革型领导和雇主安全义务的交互作用能够预测员工的安全行为和安全态度。Wang 等[142] 研究了变革型领导、工作灵活性、组织承诺和退缩行为之间的关系，发现变革型领导调节了组织承诺对退缩行为的影响。单佳佳[143] 采用结构方程模型和分层回归方法，检验了人格特征、变革型领导和工作绩效之间的关系，研究发现变革型领导调节了人格特征和工作绩效之间的关系。Smith 等[144] 对美国东南部 398 名消防员进行了调查研究，采用结构方程模型对假设进行了检验，研究发现安全变革型领导对安全氛围产生积极影响，进而影响了消防员的安全行为。综上分析，提出以下假设，相关关系见图 3-5。

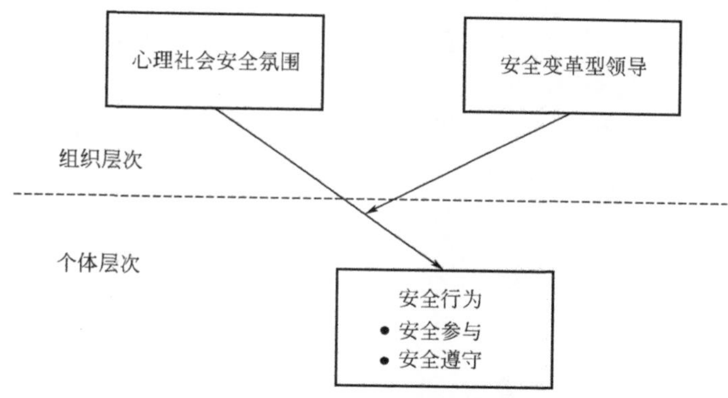

图 3-5　安全变革型领导的调节作用

H8：安全变革型领导在心理社会安全氛围与安全行为之间起跨层次调节作用。

H8-1：安全变革型领导在心理社会安全氛围与安全参与之间起跨层次调节作用。

H8-2：安全变革型领导在心理社会安全氛围与安全遵守之间起跨层次调节作用。

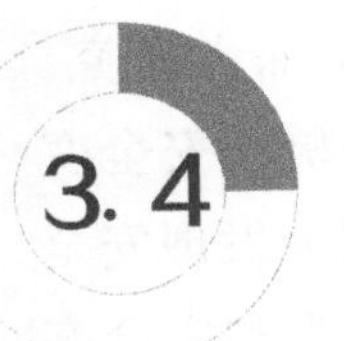

3.4 本章小结

本章在文献梳理和相关理论分析的基础上，采用文献分析和归纳演绎的方法进行理论推演，构建了“心理社会安全氛围-安全压力-心理健康-安全行为”以及安全变革型领导发挥调节作用的理论模型。在理论模型的基础上提出了本书研究的假设关系，包括心理社会安全氛围与安全行为的主效应关系假设、安全压力在心理社会安全氛围和心理健康之间的跨层次中介效应假设、心理健康在心理社会安全氛围和安全行为之间的跨层次中介效应假设、安全压力和心理健康和链式中介效应假设、安全变革型领导在心理社会安全氛围和安全行为之间的跨层次调节效应假设。

第4章

心理社会安全氛围量表编制与调研

本章采用文献分析、现场访谈和专家反馈方法，确定心理社会安全氛围的结构维度和初始条目，并对每一项题目的语句表述进行推敲修正。随后进行小样本预试，针对收集到的数据，进行题目筛选、信度分析和探索性因子分析，根据分析结果，对题目进行精简。然后进行大样本测试，对问卷数据进行验证性因子分析和信度效度检验，最终开发出符合中国情境的煤矿企业心理社会安全氛围量表。

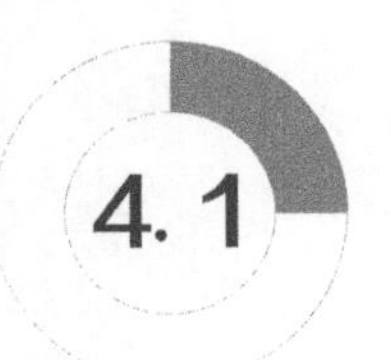

4.1 心理社会安全氛围结构维度的确定及初始量表构建

梳理前人对心理社会安全氛围的研究，不同学者开发的心理社会安全氛围量表包含不同的结构维度。目前，国内外学者对心理社会安全氛围的测量，普遍采用 Hall 等开发的 Psychosocial Safety Climate-12（PSC-12）量表，该问卷包含 12 个题目，共 4 个维度，分别为组织支持和承诺、组织参与和卷入、组织沟通及心理健康优先，各维度包含 3 个题目。现有关于心理社会安全氛围量表的研究对象，主要包含护士、医生、社会工作者、一般企业职员等，然而，针对矿工这一高危职业群体，国内鲜有学者开发符合中国情境的心理社会安全氛围量表。由于矿工工作环境的特殊性，相对于其他行业员工在心理社会安全氛围量表的维度上存在差异，因此，不能简单地将国外心理社会安全氛围量表引入煤矿情境进行研究。根据中国煤矿实际情况，严格按照标准化量表开发程序，开发符合中国煤矿情境的心理社会安全氛围量表，通过信度、效度检验，以确保量表的结构效度和可信程度。

4.1.1 量表开发步骤

量表的开发应该以研究者对理论的深入理解为基础，根据本书对心理社会安全氛围的定义，并结合煤矿实际情况，对量表进行标准化开发。参考 Churchill 等[145] 提出的量表开发程序，具体流程见图 4-1。

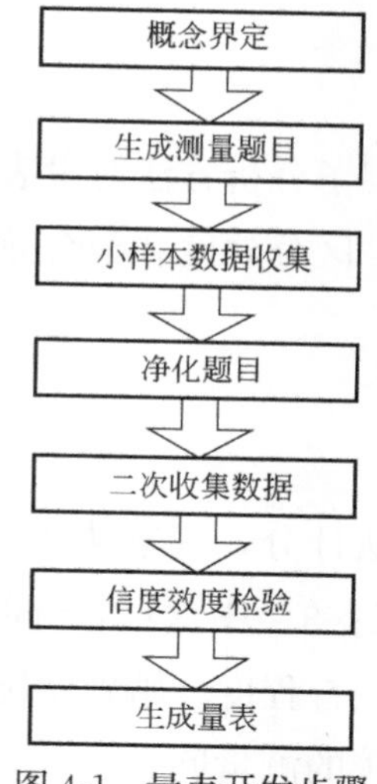

图 4-1　量表开发步骤

（1）概念界定

阅读大量文献并进行梳理分析，清晰地定义研究目标概念的性质及相近概念之间的差异，最终确定心理社会安全氛围的定义及结构维度。

（2）生成测量题目

通过文献分析、深度访谈、理论剖析、专家讨论、归纳总结等步骤对煤矿心理社会安全氛围概念的理论边界和内容外延进行系统界定，筛选并形成测量题目的初始题目池。

（3）小样本数据收集

选取小样本目标群体进行问卷调查，将回收数据进行筛选并录入。

（4）净化题目

针对小样本调查数据，选取项目分析、探索性因子分析方法对初始题目进行筛选，将不合理的题目进行删除或修正。

（5）二次数据收集

对精简后的题目进行深入推敲和表述纠正，随后选取大样本进行验证。

(6) 信度效度检验

选取项目分析、验证性因子分析方法对量表的内部一致性和稳定性进行评价，包含信度、内容效度、区分效度和聚合效度指标，以确保测量量表的可信度。

(7) 生成量表

采用 Likert-5 点评定方法计分，答案从“非常不同意”到“非常同意”(1＝非常不同意；2＝不同意；3＝中立；4＝同意；5＝非常同意)，生成主体测量结构，同时将年龄、教育程度、婚姻状况和工作年限这些统计学变量加入量表，最终形成较为完善的测量问卷。

4.1.2 心理社会安全氛围题项获取及结构维度的确定

本章的量表题目主要来源于文献中现有题目和深度访谈归纳出的题目，根据大量的文献阅读，整理出心理社会安全氛围的测量维度和题目，随后设计访谈题项，进行深度访谈以完善测量题目。

(1) 文献整理

通过梳理近 20 年来心理社会安全氛围的相关文献，提取涉及心理社会安全氛围相关表述的内容，并进行系统性分析，归纳出常见的心理社会安全氛围维度和初始题目，按照出现频率进行如下排序：

① 管理承诺，可以通过管理者对员工的心理健康关注、管理者对心理压力的态度、心理困扰对组织的重要性等题目进行测量[21,146-149]；

② 组织沟通，主要指标包括管理者与员工进行关于心理健康的沟通内容、沟通途径及沟通技巧等[21,150-154]；

③ 心理健康优先，主要衡量组织对员工心理健康和安全的重视程度[21,146,155,156]；

④ 组织参与，主要包括各层管理者参与解决员工心理健康问题的方式、管理者对员工心理健康的识别[17,21,146,157]；

⑤ 组织责任，主要包括管理者履行安全职责的方式[158]、管理者为确保员工心理健康而实施的政策等[159,160]；

⑥ 组织信任，主要指标包括管理者对员工的情绪控制力[161]、安全意识和应急变通能力等心理素质的认可[162,163]。

此外，相关学者也用如下指标对心理社会安全氛围进行测量：工作设计合理性[140]、组织目标强化[164]、角色特征与领导特征[165]、同伴支持[166]、作业环境[167]、能力建设[168] 等。

1）管理承诺

中国文化长河中素有“一诺千金”典故，随社会经济发展，我国员工对企业的态度发生了较大变化，由最初的“经济承诺”逐渐向“感情承诺”“理想承诺”转变。管理者为了实现组织安全生产目标，对员工的心理安全问题做出各种承诺，包括物质奖励、精神鼓励、心理关怀、晋升承诺等，反映出管理者关注员工心理健康的行动力。这一因素在以往心理安全氛围的测量中出现频率最高，Hall[21] 和 Zohar[147] 认为员工感知到组织对心理健康的关注程度可以由该因子单独测量。Guo 等[169] 研究发现管理安全承诺是安全氛围的关键因素，同时能有效预测安全结果。组织对员工心理健康和心理安全的承诺是构建心理社会安全氛围的基础保障，当管理者在制度设计和资源分配上出现偏移时，员工会感受到组织不公平，然而资源的缺失往往会导致员工心理状态出现异常，进而影响到企业的安全生产。此外，管理者的安全心理素质和安全态度为员工的心理及行为表征树立了标榜，因此，管理者的心理安全承诺是营造组织心理社会安全氛围的前提条件。

2）组织沟通

是指组织自上而下与员工进行心理健康问题的沟通，反映出组织为解决员工的心理困扰而付出的努力程度。组织需要了解员工的心理健康状况，应当通过管理者与员工进行及时和频繁的沟通交流来实现。Cox 等[150] 和 Pidgeon[153] 认为组织沟通是安全氛围的重要组成因素。沟通贯穿于组织心理安全政策的设计和规划，而良好的心理沟通有助于管理者掌握员工的心理问题。管理者通过采取合理的沟通方式，使心理健康问题得以被及时发现并干预，有助于员工获取心理安全经验。因此，良好的心理沟通和恰当的沟通方式是解决员工心理健康和人身安全的重要途径。

3）心理健康优先

是指当管理者发现员工的心理健康目标和生产效率及相关工作目标发生冲突时，组织会将员工的心理健康作为安全生产的首要任务，优先保护员工的心理不受伤害，反映出管理者在多目标决策下对心理健康的重视程度。Zohar 等[170] 认为组织对安全目标的重视程度，能够反映出真实的组织氛围水平。解霄椰[146] 认为心理健康优先是护理团队心理社会安全氛围的重要组成因素。当管理者优先重视员工的心理健康问题时，员工在工作中能保持积极的心理状态，其安全态度和安全意识得以显著提升，而这些积极的心理特质正是心理社会安全氛围构建的重要环节。

4）组织参与

是指组织中各层级管理者积极参与到员工心理健康问题的识别和帮助过程中，反映出组织为提升员工心理健康水平而做出的努力。Gershon 等[157] 在研究中强调了组织参与在安全氛围构建中的重要性。组织中各层级管理者意识到员工心理健康的重要性时，能够致力于改善员工的心理健康，赋予员工充分的组织资源（工作自主性、组织支持、安全承诺等），使员工能感知到组织的心理关怀，并全身心地投入到安全生产中。管理者采取积极举措，有助于员工心理尽可能地免受伤害。

5）组织责任

“责任心理”作为儒家文化“上本天道、下理人情”思想的重要外延，具体到组织情境中表现为管理者行为“知行合一”。责任担当作为组织的核心价值理念，要求管理者了解员工心理诉求并采取行动满足，履行社会义务和责任，并承担道义、政治和法律责任。组织各层级管理者对待员工心理健康的态度，体现出管理者的心理安全价值观。Waters 等[160] 提出了组织氛围的 10 个结构维度，其中强调了组织责任的重要性。管理者会将保护员工的心理安全作为分内职责，确保员工的心理健康水平，倘若员工出现心理困扰，管理者会因自己的失职而感到自责，同时会及时地提出对策来应对心理风险。

6）组织信任

“信”为儒家“五常”之一，指待人处事诚实不欺。个体之间和上下级之间的“相互表露”会增进双方亲密程度，人际信任随之产生。中国文化

“集体主义”思想彰显了组织凝聚力，人际信任和社会规范、关系网融合在一起，增强了组织成员的合作，以便实现共同目标。管理者在不受监督和管制的情况下，对员工心理素质和行为安全的信任，反映出组织对员工积极心理特质的认可。席自强[161]研究发现组织信任是组织心理社会安全的重要因素。Edmondson[163]强调了信任这种脆弱性感知在心理安全氛围中的重要性。在社会交换过程中，管理者允许员工对不确定的心理危害和行为风险进行自我管理，实现工作中上下级的默契配合，有助于组织安全生产目标的实现。

（2）深度访谈

上述文献分析搜集到的心理社会安全氛围维度和测量题目主要是通过其他行业的研究分析而获取的，并不能直接用来测量心理社会安全氛围。因此，需要结合作业现场的深度访谈和专家反馈情况，进一步完善煤矿企业心理社会安全氛围初始量表的测量项目池，确保量表拥有较好的内容效度。

1）访谈对象和流程

为了获取心理社会安全氛围初始维度的真实信息，分别从潞安集团王庄煤矿、同煤集团煤峪口矿和汾西矿业集团柳湾煤矿选取6名管理者和18名一线矿工进行半结构化访谈。访谈过程需要合理的控制，做到事前充分准备、过程恰当引导及事后及时总结，以确保访谈结果真实有效。根据访谈目的，首先要确定主访谈问题，随后选取恰当的访谈对象，在征得对方同意后进行深入的交谈，必要情况下进行录音。访谈结束后，要及时地对访谈资料进行整理归纳，从中获取有用的测量题项。

本次访谈对问题进行了事先设计，同时在访谈前向受访者阐述了访谈的目的、过程和访谈的保密性。将每位受访者的时间控制在45分钟左右，确保访谈人员能够在轻松的情境下描述心理社会安全氛围的相关内容。访谈过程中，对受访者的答案不设限制，当资料信息出现饱和时，访谈结束。经访谈后确定相关题项，并与文献所得题目进行比照，推敲后对题目进行删减和修正。

2）访谈问题

为确定心理社会安全氛围的内容和结构，向受访者简单介绍了“心理社会安全氛围”的定义，并询问了如下问题。

① 关于管理者对心理健康和安全承诺的问题：Hall 认为，组织对员工的心理状况的关怀，主要体现在管理者对心理健康和心理安全的重视程度。经过反复推敲，本研究从以下问题展开讨论：心理健康关注程度、心理问题应对举措、管理者对待心理健康的态度。

根据 Hall 的观点，与同行和安全管理领域专家讨论后，本研究对 5 名煤矿企业高层领导进行了开放式访谈。访谈问题如下：您所在的单位，管理者是否对您的心理健康问题进行了关注？管理者通常会采取什么样的手段，承诺您的心理健康不受侵害？当您的心理出现困扰时，管理者是否能及时发现，能否果断做出决策？又会采取何种手段来缓解您的心理问题？管理者对待您的心理安全态度是什么？

② 关于组织对心理健康优先的问题：组织将心理健康设为生产的首要目标，这一举措是营造心理社会安全氛围最直接的感知。管理者通过规程制定和资源供给来保障员工的心理健康，彰显了组织对心理安全的重视。经过反复推敲，本研究提出了以下问题，并与同行和安全管理领域专家进行了开放式访谈。访谈问题如下：您所在的单位，管理者是否会将心理健康设置为安全生产的首要任务？当您的心理健康问题和相关工作目标发生冲突时，管理者是否坚信心理健康优先？管理者如何解决这一冲突问题？

③ 关于组织与员工进行心理健康沟通的问题：沟通是人与人之间相互信任和增进情感的枢纽，上下级之间的相关心理健康沟通，反映出管理者对员工的心理关怀。通过各层级心理沟通，能够传递安全意识、积极心理素质、安全态度和事故经验，有助于员工保持积极心态，逐步树立工作自信，并积极地投入工作中。因此，组织心理沟通有利于心理社会安全氛围的营造。经过反复推敲，本研究提出了以下问题，并与同行和安全管理领域专家进行了开放式访谈。访谈问题如下：您所在的单位进行心理健康问题的沟通吗？单位会采取什么样的形式进行沟通？单位中的哪些管理者参与了沟通？您认为通过沟通能否改善自身的心理健康问题？

④ 关于组织对改善员工心理健康的参与和投入：管理者所拥有的积极心理特质和应急能力深受员工的追随，组织中各层级领导发挥自身的人格魅力来提升员工的心理素质，同时为员工描绘心理安全愿景，使其全身心地投入工作。因此，各层管理者有责任和义务投入到心理健康的保护中，为员工

的心理安全做出贡献。经过反复推敲，本研究提出了以下问题，并与同行和安全管理领域专家进行了开放式访谈。访谈问题如下：您所在的单位能否投入到解决您心理健康问题的过程中？参与您心理问题的关注涉及了单位中的哪个层面？针对您存在的心理困扰，单位采取何种方式来解决您的心理问题？您所在单位会投入哪些资源来保护心理健康？

⑤ 关于组织对员工心理健康责任的问题：组织各层级管理者对待心理健康的态度和责任，直接影响到企业的安全生产结果。管理者对心理健康的漠视和疏忽，是安全事故频发的根源。经过反复推敲，本研究提出了以下问题，并与同行和安全管理领域专家进行了开放式访谈。访谈问题如下：您所在的单位，管理者是否会因为员工出现心理健康问题而自责？管理者履行心理安全职责的方式是什么？

⑥ 关于组织对员工心理安全的信任问题：信任是社会交换中个体之间的情感表达，同时也是组织氛围构建的基础条件。管理者对员工的情感、心理、行为和认知予以充分信任，有助于员工提升情绪和行为的自我控制能力，避免情绪出现较大波动。经过反复推敲，本研究提出了以下问题，并与同行和安全管理领域专家进行了开放式访谈。访谈问题如下：您所在的单位，管理者是否会面对应急事件给予充分赋权？管理者是否认可您的心理素质和安全意识？通过哪种方式来表达单位的信任？

4.1.3 心理社会安全氛围初始量表生成

（1）访谈整理

访谈结束后，及时对访谈资料进行系统的归纳整理。首先，认真整理访谈笔记和录音，汇总相关内容并对关键信息进行提取精炼；其次，对每一位被访者不同的问题进行有序编码归类，避免访谈内容出现疏漏；此外，对不同类型的资料归类，并对不同资料反映的问题进行区分。

1）关于管理者对心理健康承诺方面的问题归纳

总结访谈要素，提炼出了五点反映心理健康承诺方面的问题，分别为：压力重视程度、心理安全政策制定、心理健康愿景规划、组织资源支持和心理问题处理效率。这五点为初始量表构建提供支撑，见表 4-1。

表 4-1 心理健康承诺的测试题目

编号	组织对心理健康的承诺
1-1	压力重视程度
1-2	心理安全政策制定
1-3	心理健康愿景规划
1-4	组织资源支持
1-5	心理问题处理效率

2）关于心理健康优先方面的问题归纳

总结访谈要素，提炼出了五点反映心理健康优先方面的问题，分别为：心理健康目标设定、心理健康培训频率、心理安全关乎生产安全、心理安全优先等级和管理者对心理健康的态度。这五点为初始量表构建提供支撑，见表 4-2。

表 4-2 心理健康优先的测试题目

编号	心理健康优先
2-1	心理健康目标设定
2-2	心理健康培训频率
2-3	心理安全关乎生产安全
2-4	心理安全优先等级
2-5	管理者对心理健康的态度

3）关于组织心理健康沟通方面的问题归纳

总结访谈要素，提炼出了五点反映组织心理健康沟通方面的问题，分别为：领导与我进行心理安全沟通、心理健康信息反馈、安排心理健康讲座、组织对个体的心理安全教育和组织传达对心理健康见解。这五点为初始量表构建提供支撑，见表 4-3。

表 4-3 心理健康沟通的测试题目

编号	管理者心理健康沟通
3-1	领导与我进行心理安全沟通
3-2	心理健康信息反馈
3-3	安排心理健康讲座
3-4	组织对个体的心理安全教育
3-5	组织传达对心理健康见解

4）关于组织心理健康参与和投入方面的问题归纳

总结访谈要素，提炼出了六点反映组织心理健康参与和投入方面的问题，分别为：管理者制定心理健康章程的参与度、关注心理健康涉及的管理层次、心理健康需加大投入、各层级保护心理安全、心理健康所需的配套资源调动和规划心理健康目标实现路径。这六点为初始量表构建提供支撑，见表4-4。

表4-4 心理健康参与的测试题目

编号	管理者心理健康参与和投入
4-1	管理者制定心理健康章程的参与度
4-2	关注心理健康涉及的管理层次
4-3	心理健康需加大投入
4-4	各层级保护心理安全
4-5	心理健康所需的配套资源调动
4-6	规划心理健康目标实现路径

5）关于组织心理健康责任方面的问题归纳

总结访谈要素，提炼出了五点反映心理健康责任方面的问题，分别为：及时识别心理风险、落实心理健康政策的实施、心理安全保障、安全设备供给和心理问题失职后自我检讨。这五点为初始量表构建提供支撑，见表4-5。

表4-5 心理健康责任的测试题目

编号	组织心理健康责任
5-1	及时识别心理风险
5-2	落实心理健康政策的实施
5-3	心理安全保障
5-4	安全设备供给
5-5	心理问题失职后自我检讨

6）关于组织心理安全的信任问题归纳

总结访谈要素，提炼出了四点反映心理安全的信任方面的问题，分别为：情绪稳定的信任、心理安全的自信、应急能力的认可和自我调节的信任。这四点为初始量表构建提供支撑，见表 4-6。

表 4-6 心理安全信任的测试题目

编号	组织对心理安全的信任
6-1	情绪稳定的信任
6-2	心理安全的自信
6-3	应急能力的认可
6-4	自我调节的信任

（2）生成初始量表

根据深度访谈整理结果，并结合文献收集到相关学者开发的 PSC-12 量表，最终获得转化题目 30 条。其中组织心理健康承诺 5 条，心理健康优先 5 条，组织心理健康沟通 5 条，组织心理健康参与和投入 6 条，组织心理健康责任 5 条，组织对心理安全的信任 4 条。通过对上述题目整理，并进行编号，同时结合煤矿情境，将各题项进行了语义修饰，最终生成心理社会安全氛围量表初始条目，见表 4-7。

表 4-7 心理社会安全氛围初始条目池

变量	编号	题目
组织心理健康承诺	1-1	组织对压力十分重视
	1-2	我矿制定了心理安全政策
	1-3	领导规划了心理健康愿景
	1-4	我矿提供了充分的组织资源
	1-5	领导会及时帮助解决心理问题
心理健康优先	2-1	心理健康目标是组织中的首要任务
	2-2	领导经常举行心理健康培训
	2-3	心理安全首先会影响到生产安全
	2-4	心理安全优先等级最高
	2-5	领导十分重视心理健康
组织心理健康沟通	3-1	领导经常和我的心理安全沟通
	3-2	领导会反馈相关心理健康信息

续表

变量	编号	题目
组织心理健康沟通	3-3	领导经常进行心理安全教育
	3-4	组织经常安排心理健康讲座
	3-5	领导会表达对心理健康的见解
组织心理健康参与和投入	4-1	领导积极参与心理健康章程的制定
	4-2	各层领导会关注心理健康
	4-3	领导加大心理健康投入
	4-4	我矿各层级领导会保护心理安全
	4-5	我矿会规划心理健康实现途径
	4-6	领导会调动配套资源保护心理健康
组织心理健康责任	5-1	领导能及时识别心理风险
	5-2	组织能落实心理健康政策
	5-3	组织会提供全套安全防护装备
	5-4	领导对心理问题失职进行自我检讨
	5-5	领导有义务确保心理安全
组织对心理安全的信任	6-1	领导对心理安全十分信任
	6-2	领导相信我们的情绪稳定
	6-3	领导对应急能力的认可
	6-4	领导相信我们能自我调节压力

（3）专家讨论

获得初始题目后，邀请安全管理领域专家和博士生对初始题目进行内容效度评价。邀请 4 名安全管理专业的教授/副教授和 6 名心理行为学博士生对题目内容进行探讨，检查语言表述是否存在冗余，语意表达是否存在歧义，针对语意表述模糊和存在歧义的部分进行讨论并修改，确保每位矿工能看懂各项题目。

经过大量讨论论证，在初始 30 个题目基础上删除了 4 个题目，分别为领导经常举行心理健康培训（2-2）、领导经常进行心理安全教育（3-3）、我矿会规划心理健康实现途径（4-5）、领导有义务确保心理安全（5-5）。删除歧义题目后，最终保留了 26 个题目，同时对表述模糊的题目进行修订，例如资深领导会迅速纠正影响员工心理健康的问题（1-5）；领导明确表示，员工的心理健康十分重要（2-5）；领导乐意听取我对心理健康见解（3-1）；领导会加大心理健康的资源保障投入（4-5）；当管理者忽视我的心理健康问题时会感到自责（5-4）等。经过专家讨论和修订，最终形成心理社会安全氛围初始量表，包含6个维度26个题项，同时对删减修订后的题目进行重新编号。

4.2 心理社会安全氛围量表的预试与分析

4.2.1 初始小样本调查

小样本问卷预试调查，主要对初始题目进行净化和修订，为大规模调查提供高信度的问卷保障。选取山西省2座煤矿的一线矿工进行问卷预试，其中山西汾西矿业集团柳湾煤矿发放70份、潞安集团王庄煤矿发放60份，共130份，回收问卷109份。问卷回收后进行数据整理，对存在答案缺漏过多、答案呈规律分布和答案存在一致性情况的不合格问卷进行剔除，最终获得有效问卷93份，问卷有效回收率为71.5%。

4.2.2 问卷题项筛选

根据预试数据对量表题目进行筛选，通常采用校正项总体相关性分析（corrected-item total correlation，CITC）对题目进行删减。Cronbach[171]认为CITC值应以0.5为界限，当CITC值小于0.5时，应该删除该题目。国内部分学者认为CITC值应以0.3为界限，当CITC值小于0.3时，应该删除该题目[172]，因此本书研究以0.3作为题项删减标准。借助Cronbach's α值检验量表信度，如果删除某个题目会导致Cronbach's α值显著增大，则对该题目进行剔除。相关学者一致认为，Cronbach's α值>0.9时量表信度最佳，而对于可接受的Cronbach's α最低限值，学者们存在一些争议，部分学者认为应为0.7，部分学者认为应为0.8[173]，而多数学者认为Cronbach's α值<0.6时，应对测量量表进行重新修订和编制，因此，本书研究以0.7作为Cronbach's α临界值。

对测量题目进行编号，CN1～CN5 表示管理者心理健康承诺的 5 个因子、GT1～GT4 表示心理健康沟通的 4 个因子、XL1～XL4 表示心理健康优先的 4 个因子、CY1～CY5 表示组织参加和投入的 5 个因子、ZR1～ZR4 表示心理健康责任的 4 个因子、XR1～XR4 表示心理健康信任的 4 个因子。

对初始量表进行题目筛选，根据 CITC 值和 Cronbach's α 值对题目进行删减，当 CITC 值<0.3 或删减题目能显著增加 Cronbach's α 值时，对该题目予以删除，分析结果见表 4-8。

表 4-8 心理社会安全氛围 CITC 和信度分析结果

项目标号	校正的项总计相关性	项已删除的 Cronbach's α 值	Cronbach's α 值
CN1	0.539	0.929	0.935
CN2	0.477	0.926	
CN3	0.216	0.926	
CN4	0.618	0.932	
CN5	0.711	0.931	
XL1	0.572	0.927	
XL2	0.643	0.926	
XL3	0.174	0.931	
XL4	0.391	0.936	
GT1	0.668	0.943	
GT2	0.530	0.941	
GT3	0.642	0.937	
GT4	0.453	0.935	
CY1	0.139	0.939	
CY2	0.755	0.936	
CY3	0.573	0.946	
CY4	0.464	0.947	
CY5	0.236	0.943	
ZR1	0.663	0.935	
ZR2	0.761	0.931	
ZR3	0.465	0.940	
ZR4	0.233	0.941	
XR1	0.746	0.952	
XR2	0.677	0.949	
XR3	0.648	0.948	
XR4	0.496	0.951	

采用SPSS分析得到量表总的Cronbach's α 值为0.935，根据表4-8的分析结果可以发现，CN3、XL3、CY1，CY5和ZR4的CITC值均小于0.3，同时删除这些题目后，Cronbach's α 值会显著提升，因此应将这5个题目予以删除。删除的题目包括“领导规划了心理健康愿景”“组织会提供全套安全防护装备”等，删除后的初始量表保留了21个题目。

4.2.3 探索性因子分析

根据CITC和信度分析结果，采用探索性因子分析（exploratory factor analysis，EFA）判断初始量表是否需要删减因子。EFA应遵循如下准则：a. 因子特征值>1；b. 因子荷载≥0.5；c. 无交叉负荷；d. 方差总解释率>60%；e. 各因子题目≥3。

① 检验是否适合做因子分析，通常采用Bartlett球体（Bartlett's sphericity test）和KMO（Kaiser-Meyer-Olkin）指标进行判别。当Bartlett统计值显著性概率≤显著性水平且KMO值>0.7时适合进行因子分析。分析结果见表4-9，KMO值为0.837，Bartlett检验在0.001水平上显著，说明适合做因子分析。

表4-9 KMO和Bartlett检验

取足够度的Kaiser-Meyer-Olkin度量		0.837
Bartlett检验	近似卡方	2873.651
	df	1032
	Sig.	0.000

② 采用主成分分析法进行因子提取，选取方差最大正交法旋转因子，发现有6个因子的特征值大于1。根据探索性因子分析准则，删除了2个存在交叉负荷（CN4、GT4）和1个因子荷载小于0.5（XR1）的题目，剩余18个题目。

③ 对保留的18个题目再次进行探索性因子分析，分析结果见表4-10，6个因子的特征值分别为16.315、5.255、4.198、3.654、2.263和1.743，其方差解释率分别为36.342%、11.273%、8.632%、7.408%、7.121%和

6.541%，累积总解释率为77.317%。6个因子18个题目之间的归属关系较为明晰，同时各题目因子载荷均大于0.6，说明量表有较好的因子结构。根据各因子覆盖题目内容，将因子1～6分别命名为管理承诺、心理健康优先、组织沟通、组织参与、组织责任和组织信任，与预先分析结果相吻合，量表的因子构成和因子载荷见表4-11。

表4-10 解释的总方差

成分	初始特征值			提取平方和载入			旋转平方和载入		
	合计	方差/%	累积/%	合计	方差/%	累积/%	合计	方差/%	累积/%
1	16.315	36.342	36.342	16.315	36.342	36.342	7.132	18.175	18.175
2	5.255	11.273	47.615	5.255	11.273	47.615	6.485	16.628	35.343
3	4.198	8.632	56.247	4.198	8.632	56.247	5.381	13.435	48.778
4	3.654	7.408	63.655	3.654	7.408	63.655	4.737	12.579	61.357
5	2.263	7.121	70.776	2.263	7.121	70.776	4.352	11.869	73.244
6	1.743	6.541	77.317	1.743	6.541	77.317	2.087	4.073	77.317
7	0.805	4.323	81.640						
8	0.783	4.112	85.752						
9	0.637	3.657	89.409						
10	0.512	2.352	91.761						
11	0.465	2.117	93.878						
12	0.433	1.565	95.443						
13	0.319	1.323	96.766						
14	0.244	1.218	97.984						
15	0.215	1.089	99.073						
16	0.162	0.463	99.536						
17	0.096	0.317	99.853						
18	0.057	0.147	100						

表4-11 心理社会安全氛围各因子及题目的载荷

因子	序号	1	2	3	4	5	6
管理承诺	CN1	0.864					
	CN2	0.757					
	CN3	0.831					

续表

因子	序号	1	2	3	4	5	6
心理健康优先	XL1		0.693				
	XL2		0.775				
	XL3		0.814				
组织沟通	GT1			0.855			
	GT2			0.782			
	GT3			0.826			
组织参与	CY1				0.673		
	CY2				0.701		
	CY3				0.816		
组织责任	ZR1					0.899	
	ZR2					0.914	
	ZR3					0.823	
组织信任	XR1						0.784
	XR2						0.882
	XR3						0.793

4.2.4 确定正式量表

小样本测量后，邀请了 3 名安全领域专家和 5 名管理科学与工程博士生，对量表的内容、语言表述、题目准确性进行全面评价。根据专家的反馈意见，对量表的语言陈述进行了修订，最终确定了正式测量量表。

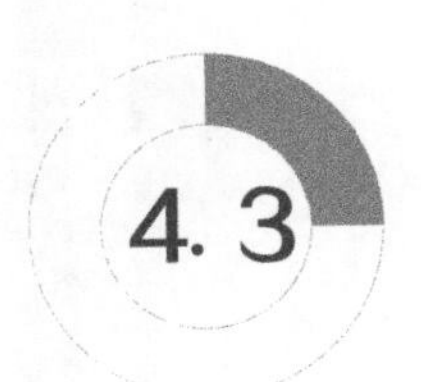

4.3 相关变量测量

除煤矿心理社会安全氛围量表外，其他测量工具均采用国内外现有的成熟量表，以确保本书研究的可信度。此外，根据本书研究的目的和情境，对测量量表进行适当的修订。

4.3.1 安全压力测量

本书把安全压力定义为：高风险企业员工长期在恶劣环境中作业，需要面对高负荷、不确定和复杂的工作任务，由此产生较大的工作压力，并威胁到个体的人身安全。国内外学者普遍采用 Sampson[28] 开发的安全压力量表，本书研究根据中国煤矿的实际情境，对量表翻译后进行了适当修正，修正后的安全压力量表共 12 个题目，包含 3 个维度：人际安全冲突、安全角色模糊和安全角色冲突。人际安全冲突（1～4 题）是指由于个体的人格特征存在差异，在处理安全任务时存在分歧，进而导致个体之间出现矛盾；安全角色模糊（5～8 题）是指个体接收到的角色期望与自身安全价值观不相符，导致个体的安全角色界定存在歧义；安全角色冲突（9～12 题）是指员工扮演了多重安全角色，这些角色存在不同的角色规范和安全期望，当个体无法调节好各角色之间的矛盾时，便会产生安全角色冲突。该量表由矿工自行填写，采用 Likert-5 点评定方法计分，从“非常不同意”到“非常同意”（1＝非常不同意；2＝不同意；3＝中立；4＝同意；5＝非常同意），得分越高说明安全压力越大。示例题目如：“在我工作时，我会与他人讨论安全问题”“在我的工作中，我知道自己的安全职责”“我有时需要忽略规则，才能安全地完成任务”。

4.3.2 心理健康测量

本书把心理健康定义为：个体的一种良好心理状态，表现为人的心理表征。国内外学者普遍采用症状自评量表（Symptom Check List 90，SCL-90）进行心理健康测量，然而，SCL-90 量表包含 9 个维度 90 个题项，测量题目相对较多，容易使调查对象在问卷填写过程中产生反感情绪，很可能会降低问卷的信度。因此，本书研究选取 Goldberg 等[174] 开发的一般健康量表（General Health Questionare 12，GHQ-12），Lai 等[175] 运用 GHQ-12 量表对香港大学生进行了心理健康测量，结果能够很好地反映心理健康水平，说明该量表在中国情境中能得到较好的拟合。将 GHQ-12 量表翻译后根据中国煤矿情境进行修订，修订后的量表共 12 个题项。该量表由矿工自行填写，采用 Likert-5 点评定方法计分（1＝从不；2＝少于平常；3＝偶尔；4＝比平常多；5＝经常）。示例题目如："最近你是否经常会失眠和焦虑?""最近你是否对工作失去了信心?""最近你是否认为自己在工作中发挥了关键作用?"。

4.3.3 安全行为测量

本书把安全行为定义为：员工为避免出现操作失误影响生命安全，自觉去规范自身行为实践。相关学者普遍采用 Neal 等[176] 开发的量表，本书研究对该量表翻译后进行了适当修正，修正后的安全行为量表包含安全遵守和安全参与两个维度，共 8 个题项。安全遵守（1～4 题）是指员工为确保工作安全而必须执行的指令，属于典型的角色内行为，包括遵守相关操作规程和规章制度，以及佩戴必要的防护装备；安全参与（5～8 题）是指员工积极主动地参与到安全管理中的行为，属于一种角色外行为，包括主动参与安全会议和讨论、及时汇报安全隐患问题和积极帮助同事等。该量表由矿工自行填写，采用 Likert-5 点评定方法计分，从"非常不同意"到"非常同意"，对应的分数为"1"到"5"，得分越高说明安全行为水平越高。示例题目如："我会遵守操作程序，使用必要的安全防护装备""我会提醒同伴进行安全操作"。

4.3.4 安全变革型领导测量

本书把安全变革型领导定义为：领导以自身的人格魅力和行为实践，让下属意识到安全的重要性，激发员工的工作动机，并提升安全意识，使员工积极参与到安全管理中，以实现组织的安全生产目标。本书研究参考 Barling 等[69] 和 Kelloway 等[177] 开发的量表，翻译后结合中国煤矿情境进行了修订，修正后的安全变革型领导量表包含四个维度：领导魅力、组织愿景、潜能激发和个性关怀，共 10 个题项。领导魅力（1～3 题）是指领导本身具有独特的人格魅力，能够使员工心甘情愿地追随其行为；组织愿景（4～5 题）是指领导为员工描绘出清晰的职业规划和安全目标，同时让员工确信能够实现；潜能激发（6～8 题）是指领导能够激发下属的潜在能力，让员工在工作中学会变通；个性关怀（9～10 题）是指领导关心员工的工作诉求，并做出及时回应。该量表由矿工自行填写，采用 Likert-5 点评定方法计分，从“非常不同意”到“非常同意”，对应的分数为“1”到“5”，得分越高说明安全变革型领导水平越高。示例题目如：“我的领导经常和我交流他的安全价值观”“我的领导会探索新的方法，让我们的工作更加安全”“当安全生产目标实现时，领导会给予我适当奖励”。

4.3.5 控制变量测量

研究心理社会安全氛围对矿工安全行为的影响机制，需要对影响安全行为的其他因素进行有效控制。通过将控制变量加入研究估计模型，能够对因变量的影响变量进行控制，有助于提高研究结果的准确度。相关学者研究发现，矿工的人口统计学变量（如教育程度和工作年限等）对安全行为产生显著影响[178-180]。因此，本书研究将矿工的年龄、教育程度、婚姻状况、工作年限、组织年限和组织规模作为控制变量。

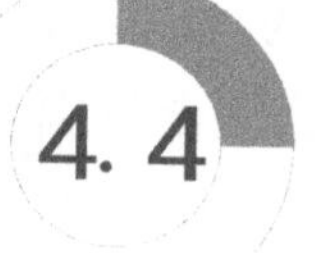

4.4 大样本调查与心理社会安全氛围二阶验证性因子分析

4.4.1 正式量表调查

本书研究中正式调查问卷由个人信息、组织信息、心理社会安全氛围量表、安全压力量表、心理健康量表、安全行为量表和安全变革型领导量表七部分组成。个人信息包括年龄、教育程度、婚姻状况和工作年限，组织信息包括组织规模和组织年限。心理社会安全氛围量表（见附录第一部分）共包含 18 个题目，6 个维度，分别为管理承诺、组织沟通、心理健康优先、组织参与、组织责任和组织信任。采用 Likert-5 点评定作为测量标准，答案从 1～5 分别表示“非常不同意”到“非常同意”，分值越高，表明员工感知到的心理社会安全氛围水平越高。安全压力、心理健康、安全行为和安全变革型领导均采用了国内外成熟的测量量表。组织信息由企业高层管理人员进行填写，其他问卷部分由一线矿工进行填写。

问卷调查时间为2019年2月25日至7月25日，历时5个月，通过在煤矿企业上门发放的方式进行问卷采集。本次大规模调查共发放问卷1600份，涵盖了山西省4大国企30座子矿井，各煤矿发放50～55份问卷，收回1292份，剔除无效问卷，最终有效问卷为1207份，有效回收率为75.4%。Vander等[181]指出进行跨层次检验时，需要达到0.9的检定力，至少应包含30个群体样本，同时每个群体包含30个个体样本。本书研究中组织样本数为30，每个组织中的个体平均样本数为50，能够确保多层线性分析中的回归系数和标准误的准确估计。

4.4.2 样本特征分析

组织样本特征信息见表4-12。组织规模方面，600人以上的大型煤矿组织最多，占到总样本的53.3%，200人以下的煤矿组织数量最少，仅有2个，占总样本的6.7%，200～400人的组织共5个，400～600人的组织共7个，由此可知，本研究的组织样本具有较大的规模，适合心理社会安全氛围的测量和研究；组织年限方面，14个组织成立20年以上，占总样本的46.7%，成立5年以下的组织最少，仅占10.0%，成立6～10年的组织共5个，成立11～20年的组织共8个，说明该调研中成熟的组织较多，确保了心理社会安全氛围研究的适应性。

表4-12 组织样本基本特征（$N=30$）

特征	类别	频次	百分比/%
组织规模	<200人	2	6.7
	201~400人	5	16.7
	401~600人	7	23.3
	>601人	16	53.3
组织年限	<5年	3	10.0
	6~10年	5	16.6
	11~20年	8	26.7
	>21年	14	46.7

矿工样本特征信息见表 4-13。样本成员均为成年男性，受访者年龄在 30 岁以下的占总人数的 32.7%，31～40 岁之间的占总人数的 49.5%，大于 41 岁的占总人数的 17.8%。婚姻状况上，受访者单身占矿工总人数的 22.1%，已婚占矿工总人数的 63.7%，离异占总人数的 14.2%。教育程度上，受访者整体学历水平较低，其中高中及以下学历占矿工总人数的 27.8%，中专或技校学历占总人数的 27.5%，大专学历占总人数的 20.4%，本科及以上学历占总人数的 24.3%。工作年限上，5 年以下工龄占总人数的 28.3%，6～10 年工龄占总人数的 47.8%，这一群体相对较多，11 年以上工龄占总人数的 23.9%。

表 4-13　矿工样本基本特征（$N=1207$）

特征	类别	频次	百分比/%
年龄	<30 岁	395	32.7
	31~40 岁	598	49.5
	>41 岁	214	17.8
婚姻状况	单身	267	22.1
	已婚	769	63.7
	离异	171	14.2
教育程度	高中及以下	336	27.8
	中专或技校	332	27.5
	大专	246	20.4
	本科及以上	293	24.3
工作年限	<5 年	341	28.3
	6~10 年	577	47.8
	>11 年	289	23.9

4.4.3　心理社会安全氛围二阶验证性因子分析

根据探索性因子分析结果，采用结构方程模型对心理社会安全氛围量表内容结构进行二阶验证性因子分析，以检验量表结构维度的合理性，其中矿工心理社会安全氛围内容结构模型见图 4-2。

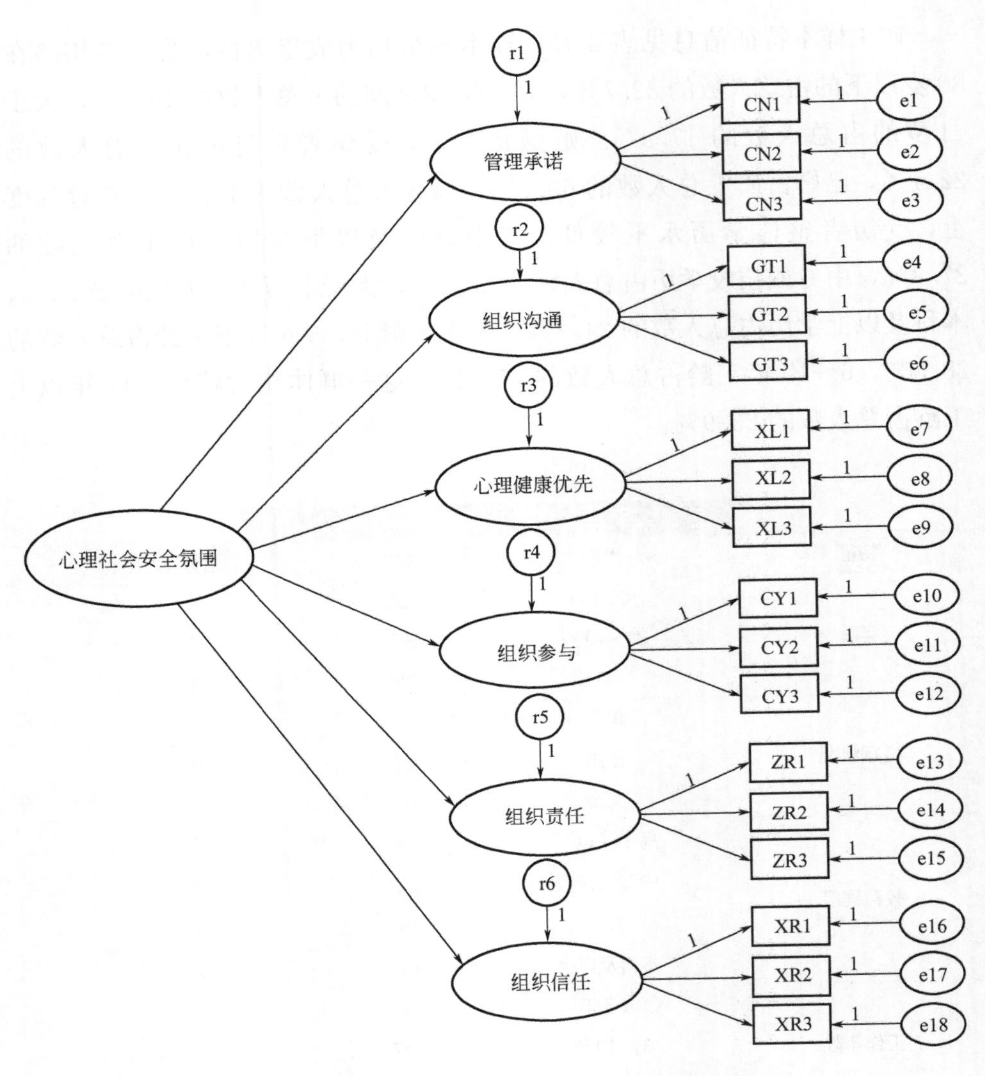

图 4-2　心理社会安全氛围二阶验证性分析假设模型

运用测量数据对模型进行拟合检验，得到心理社会安全氛围量表内容结构模型的标准化解，见图 4-3。

心理社会安全氛围内容结构模型中，各参数估计值均为正数，并且都达到显著水平；各指标之间相关绝对值最大为 0.86；6 个初始因子维度的因素负荷量分别为 0.78、0.85、0.91、0.69、0.88 和 0.74，各项目值均在 0.6

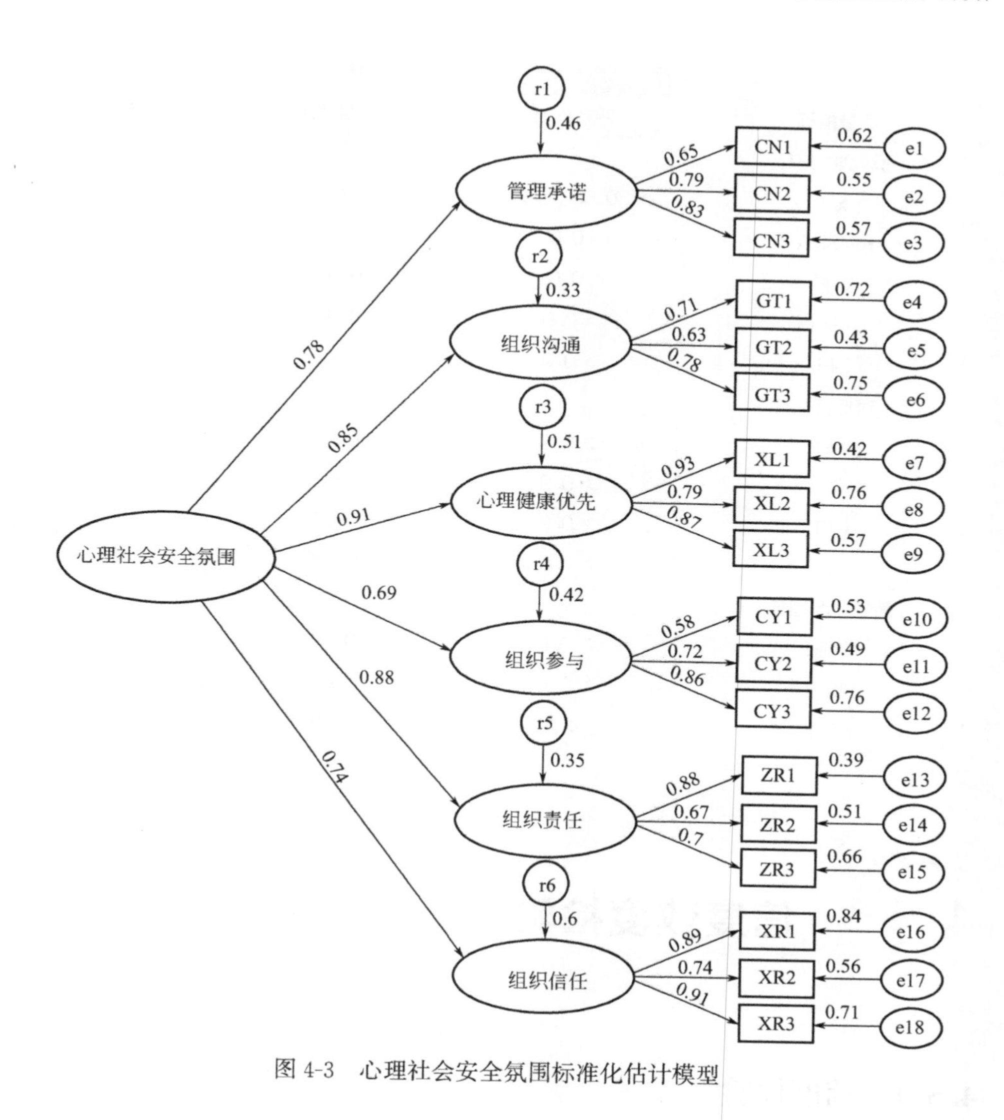

图 4-3　心理社会安全氛围标准化估计模型

以上，说明因素负荷量整体较为理想。6 个初始因子维度的信度值分别为 0.72、0.68、0.93、0.84、0.77 和 0.91，均大于 0.6，说明具有较好的信度。由此可知，测量数据与模型基本拟合，随后进行整体拟合检验，结果见表 4-14。根据拟合结果，发现心理社会安全氛围六维度结构模型拟合指标均达到标准水平，因此由探索性因子分析得到的心理社会安全氛围六个维度比较合理，与测量数据可以较好地匹配。

表 4-14 模型适配拟合结果

测量指标	评判标准	检验结果	适配判断
绝对适配指标			
χ^2	p< 0.05（显著）	864.71（p< 0.001）	是
RMSEA	< 0.08	0.049	是
RMR	< 0.05	0.037	是
AGFI	> 0.9	0.935	是
GFI	> 0.9	0.918	是
相对拟合指标			
NFI	> 0.9	0.946	是
IFI	> 0.9	0.929	是
CFI	> 0.9	0.964	是
RFI	> 0.9	0.933	是
简约匹配指标			
PNFI	> 0.5	0.784	是
PGFI	> 0.5	0.698	是
χ^2/DF	< 2	1.831	是

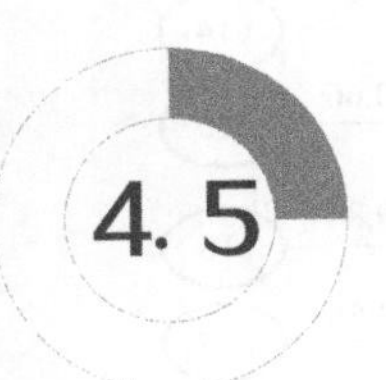

4.5 信度效度检验

4.5.1 信度检验

信度（reliability），是指测量问卷的可信程度，国内外大多数学者主要采用内部一致性进行检验。通常采用 Cronbach's α 值来检验各题目是否存在测量相似性的问题，这一指标已被广泛应用于检验量表的可靠度。Nunnally[182] 认为，Cronbach's α 值越大，则各题目的内部一致性越高，当 Cronbach's α 值>0.7 时，问卷有较好的信度，当 Cronbach's α 值<0.5 时，问卷信度较低。由于研究背景及调查样本存在差异，为确保量表的可靠性和研究结果的可信度，需要对各测量量表进行信度检验。

（1）心理社会安全氛围量表的信度分析

采用 SPSS 22.0 测量心理社会安全氛围的内部一致性，首先分析了整体量表和分量表的 Cronbach's α 值（表 4-8），证实了量表设计的合理性；其次，采用 AMOS22.0 绘制了心理社会安全氛围内容结构模型图（图 4-2），并对各题目因子荷载进行计算；此外，根据因子荷载值计算平均方差萃取值（AVE）判别量表的聚敛效度；最后根据组合信度，判别 6 因子结构的稳定性。信度分析结果见表 4-15。

表 4-15　心理社会安全氛围信度分析结果

维度	序号	因子载荷	方差贡献/%	Cronbach's α 值	AVE 值	组合信度
管理承诺	CN1	0.65	17.546	0.924	0.743	0.921
	CN2	0.79				
	CN3	0.83				
心理健康优先	XL1	0.93	15.894	0.936	0.816	0.935
	XL2	0.79				
	XL3	0.87				
组织沟通	GT1	0.71	14.367	0.928	0.715	0.924
	GT2	0.63				
	GT3	0.78				
组织参与	CY1	0.58	12.543	0.937	0.758	0.933
	CY2	0.72				
	CY3	0.86				
组织责任	ZR1	0.88	11.392	0.918	0.762	0.915
	ZR2	0.67				
	ZR3	0.70				
组织信任	XR1	0.89	9.578	0.942	0.819	0.940
	XR2	0.74				
	XR3	0.91				

根据计算结果，可以发现心理社会安全氛围量表的整体 Cronbach's α 值为 0.935，6 个维度的 Cronbach's α 值均在 0.9 以上，说明量表的内部一致

性较好。各因子荷载在 0.58～0.93 之间，均高于 0.5 限值，据此计算的 AVE 值在 0.715～0.819 之间，超过 0.5 限值，说明各因子的聚敛效度较好。各因子的组合信度在 0.915～0.940 之间，说明 6 因子结构模型稳定。综上可知，本书研究开发的心理社会安全氛围量表具有较高的信度。

（2）安全压力量表的信度分析

为表达方便，将安全压力的 12 个题项用 YL1～YL12 表示。安全压力量表的信度分析结果见表 4-16，根据计算结果，可以发现安全压力量表整体 Cronbach's α 值为 0.941，3 个维度的 Cronbach's α 值均在 0.9 以上，说明量表的内部一致性较好。各因子荷载在 0.57～0.91 之间，均高于 0.5 限值，据此计算的 AVE 值在 0.717～0.816 之间，超过 0.5 限值，说明各因子的聚敛效度较好。各因子的组合信度在 0.907～0.935 之间，说明 3 因子结构模型稳定。综上可知，安全压力量表具有较高的信度。

表 4-16　安全压力信度分析结果

维度	序号	因子载荷	方差贡献/%	Cronbach's α 值	AVE/值	组合信度
人际安全冲突	YL1	0.73	19.217	0.915	0.816	0.907
	YL2	0.77				
	YL3	0.88				
	YL4	0.91				
安全角色模糊	YL5	0.74	15.118	0.937	0.743	0.919
	YL6	0.83				
	YL7	0.72				
	YL8	0.69				
安全角色冲突	YL9	0.82	9.981	0.946	0.717	0.935
	YL10	0.57				
	YL11	0.82				
	YL12	0.76				

（3）心理健康量表的信度分析

为表达方便，将心理健康的 12 个题项用 JK1～JK12 表示。安全压力量表的信度分析结果见表 4-17，根据计算结果，可以发现心理健康量表的

Cronbach's α 值为 0.927，累积方差贡献率为 58.746%，各因子荷载在 0.59～0.92 之间，均高于 0.5 限值，说明量表具有较好的内部一致性。

表 4-17 心理健康信度分析结果

序号	因子载荷	方差贡献/%	Cronbach's α 值
JK1	0.84	58.746	0.927
JK2	0.71		
JK3	0.80		
JK4	0.89		
JK5	0.71		
JK6	0.87		
JK7	0.92		
JK8	0.67		
JK9	0.89		
JK10	0.59		
JK11	0.86		
JK12	0.72		

（4）安全行为量表的信度分析

为表达方便，将安全行为的 8 个题项用 XW1～XW8 表示。安全压力量表的信度分析结果见表 4-18，根据计算结果，可以发现安全行为量表整体 Cronbach's α 值为 0.917，2 个维度的 Cronbach's α 值均在 0.9 以上，说明量表的内部一致性较好。各因子荷载在 0.68～0.94 之间，均高于 0.5 限值，据此计算的 AVE 值在 0.791～0.852 之间，超过 0.5 限值，说明各因子的聚敛效度较好。各因子的组合信度在 0.918～0.926 之间，说明 2 因子结构模型稳定。由此可知，安全压力量表具有较高的信度。

表 4-18 安全行为信度分析结果

维度	序号	因子载荷	方差贡献/%	Cronbach's α 值	AVE 值	组合信度
安全遵守	XW1	0.75	28.613	0.949	0.852	0.918
	XW2	0.87				
	XW3	0.81				
	XW4	0.94				

续表

维度	序号	因子载荷	方差贡献/%	Cronbach's α 值	AVE 值	组合信度
安全参与	XW5	0.72	21.215	0.931	0.791	0.926
	XW6	0.80				
	XW7	0.79				
	XW8	0.68				

（5）安全变革型领导量表的信度分析

为表达方便，将安全变革型领导的10个题项用LD1～LD10表示。安全变革型领导量表的信度分析结果见表4-19，根据计算结果，可以发现安全变革型领导量表整体Cronbach's α 值为0.923，4个维度的Cronbach's α 值均在0.9以上，说明量表的内部一致性较好。各因子荷载在0.59～0.91之间，均高于0.5限值，据此计算的AVE值在0.711～0.835之间，超过0.5限值，说明各因子的聚敛效度较好。各因子的组合信度在0.903～0.934之间，说明4因子结构模型稳定。由此可知，安全压力量表具有较高的信度。

表4-19 安全变革型领导信度分析结果

维度	序号	因子载荷	方差贡献/%	Cronbach's α 值	AVE 值	组合信度
领导魅力	LD1	0.82	17.213	0.924	0.835	0.920
	LD2	0.71				
	LD3	0.90				
组织愿景	LD4	0.91	15.121	0.947	0.776	0.913
	LD5	0.79				
潜能激发	LD6	0.81	11.795	0.951	0.723	0.934
	LD7	0.75				
	LD8	0.59				
个性关怀	LD9	0.84	7.814	0.932	0.711	0.903
	LD10	0.67				

4.5.2 效度检验

效度检验是指测量问卷能否达到测量预期的程度，及确保测量量表有效和正确。量表的效度越高，说明测量结果所反映出的测量内容越真实，本书研究主要对量表的内容效度和结构效度进行检验。内容效度是指量表的逻辑表述上能够阐释测量构念的内容，通常以主观评判为主。如果测量问卷包含了研究所需的全部内容，那么其内容效度较好。结构效度是研究构念的框架，是指测量的结构指标与测量对象相匹配，通常采用收敛效度和区别效度度量。收敛效度是指同一特质构念的测量指标，能够落在同一因素构念上。区别效度与之相反，是指测量模型中的任何两个因素之间的相关显著性不为1，即两个因素是有区别的。

（1）内容效度

量表的内容效度是构建其相关构念效度的前提保障，具有较高内容效度的量表涵盖了研究构念的关键部分。本书研究中心理社会安全氛围的衡量指标参考了相关文献的内容或引用以往学者开发的相似问卷，已经具备了较好的表面效度，并且邀请相关领域专家对问卷内容进行了评定。因此，本书研究开发的心理社会安全氛围量表有较好的内容效度。本书研究中所涉及的其他四个变量均采用了国内外成熟测量量表，同时英文量表的翻译采用了标准化双译程序，在一定程度上确保了测量量表的内容效度。

（2）结构效度

本书研究采用探索性因子分析（EFA）来检验收敛效度，利用平均变异萃取量与相关系数平方的比较法来判别问卷的区分效度。探索性因子分析目的是了解构念中的题目是否适当，并通过共同因子的发现来确定构念的结构成分。探索性因子分析主要是决定事前定义因子的模型拟合实际数据的能力。它试图检验观测变量的因子个数和因子载荷是否与预先建立的理论预期相一致。在因子分析之前，要对数据进行 KMO 值与 Bartlett 球形检验。KMO 检验用于检验变量间的偏相关系数是否过小，<0.5 时不适宜做因子分析，接近 0.9 时效果最佳。Bartlett 球形检验用于检验相关系数矩阵是否是单位阵，如果结论不拒绝该假设，则表示各个变量是各自独立的。

1）心理社会安全氛围效度检验

采用 SPSS 22.0 对心理社会安全氛围大样本数据进行检验，所得该量表的效度检验结果见表 4-20，其因子分析结果见表 4-21。

表 4-20 心理社会安全氛围 KMO 和 Bartlett 检验

取足够度的 Kaiser-Meyer-Olkin 度量		0.833
Bartlett 检验	近似卡方	17593.313
	df	1052
	Sig.	0.000

表 4-21 心理社会安全氛围因子分析结果

维度	序号	因子载荷	方差贡献/%
管理承诺	CN1	0.648	17.346
	CN2	0.789	
	CN3	0.832	
心理健康优先	XL1	0.931	16.013
	XL2	0.794	
	XL3	0.868	
组织沟通	GT1	0.712	14.359
	GT2	0.628	
	GT3	0.787	
组织参与	CY1	0.591	12.499
	CY2	0.718	
	CY3	0.865	
组织责任	ZR1	0.878	11.388
	ZR2	0.678	
	ZR3	0.718	
组织信任	XR1	0.892	9.617
	XR2	0.742	
	XR3	0.907	

随后，评判问卷的区别效度，通常采用平均变异萃取量与相关系数平方相比较的方法来判别，结果见表 4-22。表中 PSC1～PSC6 代表了因子分析提取的 6 个因子，对角线值为因子的 AVE 值，其他部分代表了因子的相关

系数平方值。通过比较，发现任意两因子的 AVE 值均大于相关系数的平方值，说明因子之间能够很好地区分。

表 4-22 区别效度分析

因子	PSC1	PSC2	PSC3	PSC4	PSC5	PSC6
PSC1	0.742					
PSC2	0.218	0.804				
PSC3	0.226	0.164	0.713			
PSC4	0.182	0.242	0.159	0.758		
PSC5	0.167	0.231	0.146	0.185	0.757	
PSC6	0.204	0.168	0.244	0.263	0.188	0.813

大样本探索性因子分析结果表明，18 个测量题目提取出 6 个特征值>1 的因子，累积方差解释率为 81.222%，同时所有因子载荷>0.5。通常情况下，同一构念中因子载荷值越大，该量表聚敛效度越好。根据分析结果，可以判断问卷具有较好的收敛效度。

2）安全压力效度检验

利用 SPSS 22.0 软件，对安全压力问卷进行 KMO 样本测度值和 Bartlett 球形检验（见表 4-23），结果表明，KMO 值为 0.812，Bartlett 值为 10692.346，$p<0.001$，说明可以进行因子分析，选取主成分因子分析法和最大方差旋转进行因子分析。安全压力探索性因子分析见表 4-24，根据特征根>1 基准提取到 3 个公因子，各维度的题目因子载荷>0.617。相关因子结构与理论相符，将 3 个公因子分别命名为人际安全冲突（公因子 1）、安全角色模糊（公因子 2）和安全角色冲突（公因子 3），同时 3 个因子的累计解释方差达 62.128%，说明该量表有较好的结构效度。

表 4-23 安全压力 KMO 和 Bartlett 检验

取足够度的 Kaiser-Meyer-Olkin 度量		0.812
Bartlett 检验	近似卡方	10692.346
	df	1024
	Sig.	0.000

表 4-24　安全压力探索性因子分析结果

序号	公因子		
	1	2	3
YL1	0.843		
YL2	0.714		
YL3	0.892		
YL4	0.936		
YL5		0.738	
YL6		0.869	
YL7		0.778	
YL8		0.672	
YL9			0.837
YL10			0.617
YL11			0.835
YL12			0.738
累计解释方差	62.128%		

3）心理健康效度检验

利用 SPSS 22.0 软件，对心理健康问卷进行 KMO 样本测度值和 Bartlett 球形检验（表 4-25），结果表明，KMO 值为 0.849，Bartlett 值为 12786.483，$p<0.001$，说明可以进行因子分析，选取主成分因子分析法和最大方差旋转进行因子分析。心理健康探索性因子分析见表 4-26，根据特征根>1 基准仅提取到 1 个公因子，并且所有题目因子载荷均>0.792。相关因子结构与理论相符，该因子累计解释方差达 84.573%，说明该量表有较好的结构效度。

表 4-25　心理健康 KMO 和 Bartlett 检验

取足够度的 Kaiser-Meyer-Olkin 度量		0.849
Bartlett 检验	近似卡方	12786.483
	df	1023
	Sig.	0.000

表 4-26 心理健康探索性因子分析结果

序号	公因子
JK1	0.894
JK2	0.816
JK3	0.931
JK4	0.905
JK5	0.876
JK6	0.923
JK7	0.873
JK8	0.792
JK9	0.816
JK10	0.931
JK11	0.862
JK12	0.896
累计解释方差	84.573%

4）安全行为效度检验

利用 SPSS 22.0 软件，对安全行为问卷进行 KMO 样本测度值和 Bartlett 球形检验（见表 4-27），结果表明，KMO 值为 0.815，Bartlett 值为 11213.517，$p<0.001$，说明可以进行因子分析，选取主成分因子分析法和最大方差旋转进行因子分析。安全行为探索性因子分析见表 4-28，根据特征根>1 基准提取到 2 个公因子，各维度的题目因子载荷>0.683。相关因子结构与理论相符，将 2 个公因子分别命名为安全参与（公因子 2）和安全遵守（公因子 1），同时 2 个因子的累计解释方差达 68.573%，说明该量表有较好的结构效度。

表 4-27 安全行为 KMO 和 Bartlett 检验

取足够度的 Kaiser-Meyer-Olkin 度量		0.815
Bartlett 检验	近似卡方	11213.517
	df	1020
	Sig.	0.000

表 4-28 安全行为探索性因子分析结果

序号	公因子	
	1	2
XW1	0.876	
XW2	0.924	
XW3	0.824	
XW4	0.716	
XW5		0.769
XW6		0.683
XW7		0.857
XW8		0.894
累计解释方差	68.573%	

5）安全变革型领导效度检验

利用 SPSS 22.0 软件，对安全变革型领导问卷进行 KMO 样本测度值和 Bartlett 球形检验（表 4-29），结果表明，KMO 值为 0.809，Bartlett 值为 10319.918，$p<0.001$，说明可以进行因子分析，选取主成分因子分析法和最大方差旋转进行因子分析。安全变革型领导探索性因子分析见表 4-30，根据特征根>1 基准提取到 4 个公因子，各维度的题目因子载荷>0.687。相关因子结构与理论相符，将 4 个公因子分别命名为领导魅力（公因子 1）、组织愿景（公因子 2）、潜能激发（公因子 3）和个性关怀（公因子 4），同时 4 个因子的累计解释方差达 73.637%，说明该量表有较好的结构效度。

表 4-29 安全变革型领导 KMO 和 Bartlett 检验

取足够度的 Kaiser-Meyer-Olkin 度量		0.809
Bartlett 检验	近似卡方	10319.918
	df	1018
	Sig.	0.000

表 4-30 安全变革型领导探索性因子分析结果

序号	公因子			
	1	2	3	4
LD1	0.815			
LD2	0.827			
LD3	0.732			
LD4		0.687		
LD5		0.794		
LD6			0.849	
LD7			0.784	
LD8			0.817	
LD9				0.819
LD10				0.766
累计解释方差	73.637%			

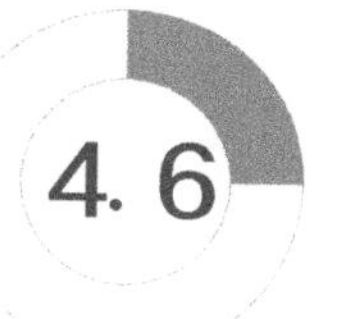

4.6 本章小结

① 借鉴国内外心理社会安全氛围研究成果，同时结合我国煤矿工人的工作情境，通过深度访谈和内容分析方法，对心理社会安全氛围内容及结构维度进行了系统阐释，并且邀请安全管理领域的专家对各题目进行评价，最终确定了心理社会安全氛围初始问卷，包含 26 个题目，6 个维度，分别为管理承诺、心理健康优先、组织沟通、组织参与、组织责任和组织信任。

② 对心理社会安全氛围初始量表进行了小样本预试，利用 CITC 和 Cronbach's α 值进行了测量题目的筛选，根据探索性因子分析结果，得到了 6 个因子 18 个题目，最终确定了心理社会安全氛围的正式量表。其次，对研究中的安全压力、心理健康、安全行为和安全变革型领导变量的测量量表进行了题目筛选，并根据矿工的工作情境，对量表题目表述进行了修订。

③ 运用正式量表进行大样本测量，对组织样本特征和矿工样本特征进

行了统计分析。采用二阶验证性因子分析方法检验了心理社会安全氛围量表的稳定性。结果表明，心理社会安全氛围可以从管理承诺、心理健康优先、组织沟通、组织参与、组织责任和组织信任这 6 个维度进行测量。

④ 采用样本数据，对测量量表的信度、效度进行检验，检验结果发现各量表的信度较高，并且有较好的内部结构，能够应用于矿工群体测量。

第5章

心理社会安全氛围对矿工安全行为跨层次影响实证研究

本章应用 SPSS 22.0、AMOS 22.0 和 HLM 6.0 软件对相关假设进行检验。首先，对各变量进行描述性统计，采用 SPSS 进行皮尔逊相关分析，检验各变量之间的关系；其次，对心理社会安全氛围和安全变革型领导测量数据进行数据聚合计算，以确保调查数据的组间稳定性和变异性；此外，采用 HLM 6.0 软件，对跨层次主效应和跨层次中介效应进行验证；最后，分析安全变革型领导在心理社会安全氛围和安全行为之间的跨层次调节效应。

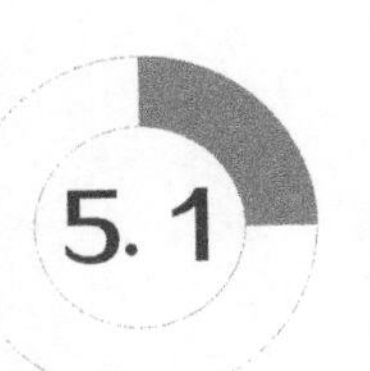

5.1 变量描述统计分析

针对正式量表调查获取的数据，采用 SPSS 22.0 软件对研究构念的均值、标准差和相关系数进行分析。

分析结果见表 5-1。结果表明，组织层面上，心理社会安全氛围与安全变革型领导不存在显著关系。个体层面上，安全压力与心理健康（$r=-0.275$，$p<0.01$）显著负相关，与安全行为（$r=-0.137$，$p<0.01$）显著负相关；心理健康与安全行为显著正相关（$r=0.182$，$p<0.01$）。

表 5-1 变量均值、标准差和相关系数

变量	均值	标准差	1	2	3	4	5	6	7
个体层次									
1. 年龄	34.543	6.715	1						
2. 教育程度	2.178	0.834	0.312	1					
3. 婚姻状况	1.970	0.591	0.174*	0.098	1				
4. 工作年限	7.342	5.133	0.258	0.347*	0.132*	1			
5. 安全压力	2.423	0.516	0.072	−0.022	0.045	0.139	1		
6. 心理健康	2.178	0.632	0.125	0.056	0.071	0.065	−0.275**	1	
7. 安全行为	3.211	0.590	0.053	0.134	0.052	0.117	−0.137**	0.182**	1
组织层次									
1. 组织年限	18.726	4.563	1						

续表

变量	均值	标准差	1	2	3	4	5	6	7
2. 组织规模	546.913	27.183	0.116	1					
3. 心理社会安全氛围	2.141	0.352	0.052	0.034	1				
4. 安全变革型领导	3.687	0.517	0.039	0.158	0.266	1			

注: 个体层次 N= 1207，组织层次 N= 30； ＊＊ 表示在 0.01 水平（双侧）显著相关； ＊ 表示在 0.05 水平（双侧）显著相关。

5.2 共同方法偏差检验

共同方法偏差（common method biases）是指数据的获取途径相同、测量情境相同以及项目的自身特质而可能造成变量之间出现人为的偏差问题。因此，在进行数据分析之前，应当进行共同方法偏差检验。首先，采用 Harman 单因子测试，即把所有测量题目放在一起，进行探索性因子分析。结果表明，最大因子对方差的解释率为 12.7%，未达到所有特征根>1 的公因子解释率总和的 40%，可初步认为问卷存在共同方法偏差问题，但不显著。随后，根据 Podsakoff 等[183] 提出的方法，选取控制未测单一潜变量方法检验，即将共同方法偏差效应作为潜变量加入五因子模型中，并根据比较加入前后两模型的差异来判断，分析结果见表 5-2。由表 5-2 发现，加入潜变量后的六因子模型好于五因子模型，其中 RMSEA、NNFI 和 CFI 变化相对较小，这说明加入潜变量后，模型拟合度未发生显著变化。因此，共同方法偏差较小，对后续分析的影响不明显。

表 5-2 控制未测单一潜变量检验结果

模型	χ^2	df	χ^2/df	RMSEA	NNFI	CFI
五因子模型	1359	801	1.696	0.068	0.943	0.921
六因子模型	1026	803	1.277	0.059	0.957	0.936

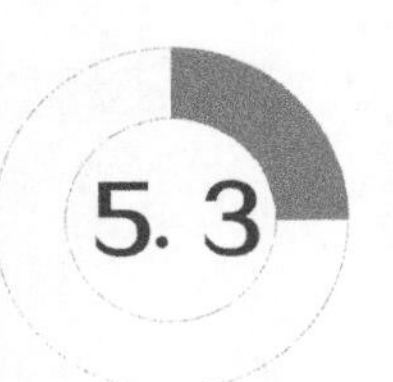

5.3 数据聚合检验

本书研究中心理社会安全氛围和安全变革型领导变量是组织层次的变量，需要将个体测量数据向组织层次聚合。通过计算组内一致性R_{wg}、组内相关性 ICC(1) 和 ICC(2) 三个指标，以评估数据是否可以由个体向组织层次聚合。首先，应当检验数据是否有较高的组内一致性，即组织中成员对构念的回答是否存在相同的反应程度。其次，检验是否存在足够的组间差异，即检验组织层次构念与其他构念之间的关系。

组内一致性通常采用群体方差与期望的随机方差进行比较，运用式(5-1)进行计算。

$$R_{wg_{(k)}}=\frac{K\left[1-\overline{s_{xk}}^{2}/\sigma_{eu}^{2}\right]}{K\left[1-(\overline{s_{xk}}^{2}/\sigma_{eu}^{2})\right]+\overline{s_{xk}}^{2}/\sigma_{eu}^{2}} \tag{5-1}$$

$$\sigma_{eu}^{2}=\frac{B^{2}-1}{12} \tag{5-2}$$

式中 $R_{wg_{(k)}}$——K 个平行题目上所得答案的组内一致性；

K——测量题目数量；

$\overline{s_{xk}}^{2}$——K 个题目所测的方差平均数；

σ_{eu}^{2}——随机测量误差下的期望方差；

B——测量等级数量，Likert-5 点量表 σ_{eu}^{2} 的值为 2。

通常认为 R_{wg} 的平均值应该大于经验值 0.7，则说明个体层次向组织层次聚合有足够的同意度。

ICC 的计算公式见式(5-3) 和式(5-4)。

$$\mathrm{ICC(1)}=\frac{\mathrm{MSB}-\mathrm{MSW}}{\mathrm{MSB}+(h-1)\mathrm{MSW}} \tag{5-3}$$

$$\mathrm{ICC(2)}=\frac{\mathrm{MSB}-\mathrm{MSW}}{\mathrm{MSB}} \tag{5-4}$$

式中 ICC(1) ——不同组别之间是否存在显著的组间差异；

ICC(2) ——组织层面上的构念测量信度。

MSB——组间平均方差；

MSW——组内平均方差；

h——组内个体数目。

通常认为ICC(1) 值应大于经验值0.05，ICC(2) 值应大于经验值0.5[184]。

根据上述公式进行计算，结果表明：心理社会安全氛围6个维度的 R_{wg} 值在0.896～0.923之间，安全变革型领导4个维度的 R_{wg} 值在0.839～0.905之间，均大于经验值0.7，说明调查数据具有较高的组内一致性。心理社会安全氛围6个维度的ICC(1) 值分别为0.134、0.216、0.175、0.152、0.269、0.203，安全变革型领导4个维度的ICC(1) 值分别为0.193、0.241、0.133、0.151，均大于经验值0.05。心理社会安全氛围6个维度的ICC(2) 值分别为0.756、0.649、0.596、0.774、0.613、0.684，安全变革型领导4个维度的ICC(2) 值分别为0.586、0.742、0.689、0.713，均大于经验值0.5。综上可知，将心理社会安全氛围和安全变革型领导聚合到组织层次是合理和有效的。

5.4 假设检验

5.4.1 心理社会安全氛围对安全行为的主效应检验

运用HLM 6.0软件，构建零模型、控制模型和回归模型，并检验心理社会安全氛围对安全参与和安全遵守的跨层次影响效应。零模型不含任何变量，用来检验安全参与和安全遵守的组间差异；控制模型用来检验各控制变量对安全参与和安全遵守的影响，该研究将组织层面的组织规模和组织年限，个体层面的年龄、教育程度、婚姻状况和工作年限作为控制变量；回归模型在控制模型基础上，加入心理社会安全氛围，从而检验其对安全参与和安全遵守的影响。零模型、控制模型和回归模型的方程如下所示，式中 SB 为安全行为，包含安全参与和安全遵守，年龄为 AGE、教育程度为 EDU、婚姻状况为 MAR、工作年限为 WA、组织规模为 OS、组织年限为 OA、心理社会安全氛围为 PSC。

① 零模型：

$$\text{Level-1}: SB = \beta_{0j} + \gamma_{ij} \tag{5-5}$$

$$\text{Level-2}: \beta_{00} = \gamma_{00} + \mu_{0j} \tag{5-6}$$

② 控制模型：

$$\text{Level-1}: SB = \beta_{0j} + \beta_{1j}(AGE) + \beta_{2j}(EDU) + \beta_{3j}(MAR) + \beta_{4j}(WA) + \gamma_{ij} \tag{5-7}$$

$$\text{Level-2}: \beta_{00} = \gamma_{00} + \gamma_{01}(OS) + \gamma_{02}(OA) + \mu_{0j} \tag{5-8}$$

$$\beta_{1j} = \gamma_{10} + \mu_{1j} \tag{5-9}$$

$$\beta_{2j} = \gamma_{20} + \mu_{2j} \tag{5-10}$$

$$\beta_{3j} = \gamma_{30} + \mu_{3j} \tag{5-11}$$

$$\beta_{4j} = \gamma_{40} + \mu_{4j} \tag{5-12}$$

③ 回归模型：

$$\text{Level-1}: SB = \beta_{0j} + \beta_{1j}(AGE) + \beta_{2j}(EDU) + \beta_{3j}(MAR) + \beta_{4j}(WA) + \gamma_{ij} \tag{5-13}$$

$$\text{Level-2}: \beta_{00} = \gamma_{00} + \gamma_{01}(OS) + \gamma_{02}(OA) + \gamma_{03}(PSC) + \mu_{0j} \tag{5-14}$$

$$\beta_{1j} = \gamma_{10} + \mu_{1j} \tag{5-15}$$

$$\beta_{2j} = \gamma_{20} + \mu_{2j} \tag{5-16}$$

$$\beta_{3j} = \gamma_{30} + \mu_{3j} \tag{5-17}$$

$$\beta_{4j} = \gamma_{40} + \mu_{4j} \tag{5-18}$$

采用有约束的最大似然法（restricted maximum likelihood，REML）进行参数估计，其中个体层面的测量数据进行组均值中心化处理，组织层面的测量数据进行总均值中心化处理，选取稳健性标准误差进行固定效应估计。心理社会安全氛围对安全参与和安全遵守行为的跨层次分析结果见表 5-3 和表 5-4。

表 5-3 心理社会安全氛围对安全参与的影响

项目	零模型 1		控制模型 1		回归模型 1	
固定效应	回归系数	标准误	回归系数	标准误	回归系数	标准误
截距 γ_{00}	3.614**	0.032	3.614**	0.029	3.614**	0.017
Level-1						
年龄			0.067	0.028	0.067	0.028
教育程度			0.093	0.052	0.093	0.052
婚姻状况			0.162	0.033	0.162	0.033
工作年限			-0.083	0.024	-0.083	0.024
Level-2						
组织规模			0.142	0.064	0.094	0.062
组织年限			0.076*	0.045	0.158*	0.039
PSC					0.473**	0.067
随机效应	方差	χ^2	方差	χ^2	方差	χ^2
Level-2 τ_{00}	0.216	981.662**	0.207	853.977**	0.083	386.617**
Level-1 σ^2	0.188		0.188		0.188	
$\Delta R^2_{Level-1}$					0.004	
$\Delta R^2_{Level-2}$			0.032		0.571	
离异数（-2*LL*）	1760.541		1657.498		1731.803	

注：* 表示 $p<0.05$，** 表示 $p<0.01$。

表 5-4 心理社会安全氛围对安全遵守的影响

项目	零模型 2		控制模型 2		回归模型 2	
固定效应	回归系数	标准误	回归系数	标准误	回归系数	标准误
截距 γ_{00}	3.829**	0.046	3.829**	0.041	3.829**	0.038
Level-1						
年龄			0.052	0.032	0.052	0.032
教育程度			0.078*	0.041	0.078*	0.041
婚姻状况			0.118	0.028	0.118	0.028
工作年限			-0.075	0.024	-0.075	0.024
Level-2						
组织规模			0.131*	0.058	0.089*	0.045
组织年限			0.081	0.032	0.178	0.059
PSC					0.631**	0.053

续表

项目	零模型 2		控制模型 2		回归模型 2	
随机效应	方差	χ^2	方差	χ^2	方差	χ^2
Level-2 τ_{00}	0.138	856.215**	0.129	610.883**	0.036	219.347**
Level-1 σ^2	0.173		0.173		0.171	
$\Delta R^2_{Level\text{-}1}$					0.005	
$\Delta R^2_{Level\text{-}2}$			0.041		0.607	
离异数（-2LL）	1683.279		1611.326		1709.973	

注：* 表示 $p<0.05$，** 表示 $p<0.01$。

（1）心理社会安全氛围对安全参与的影响

零模型 1、控制模型 1 和回归模型 1 检验了心理社会安全氛围对安全参与的跨层次影响效应，分析结果见表 5-3。

零模型 1 结果表明，安全参与组间方差（$\tau_{00}=0.216$，$\chi^2=981.662$，$p<0.01$）显著。组间差异占总变异量的 27.8%［$\tau_{00}=0.216$，$\sigma^2=0.188$，ICC(1)=0.278］。说明能够运用多层线性模型对安全参与的影响因素进行深入研究。

控制模型 1 分析结果表明，组织年限对安全参与产生显著正向影响（$\beta=0.076$，$p<0.05$），其他控制变量对安全参与的影响不显著。与零模型 1 相比，安全参与的组间方差由 0.216 减少至 0.207，减少了 4.1%。说明 4.1%的安全参与组间方差能够被组织年限解释。

回归模型 1 结果表明，心理社会安全氛围对安全参与产生显著正向影响（$\beta=0.473$，$p<0.01$），与控制模型 1 相比，安全参与的组间方差由 0.207 减少至 0.083，减少了 59.9%，说明有 59.9%的安全参与组间方差能够被心理社会安全氛围解释（$\sigma^2=0.188$，$\tau_{00}=0.083$，$\chi^2=386.617$，$p<0.01$，$\Delta R^2_{Level\text{-}2}=0.571$）。由此可知，假设 H1-1 得到证实。

（2）心理社会安全氛围对安全遵守的影响

零模型 2、控制模型 2 和回归模型 2 检验了心理社会安全氛围对安全遵守的跨层次影响效应，分析结果见表 5-4。零模型 2 表明安全遵守的组间方差显著（$\tau_{00}=0.138$，$\chi^2=856.215$，$p<0.01$），由组间差异产生的变异为

0.138，占变异总量的25.3%［τ_{00}=0.138，σ^2=0.173，ICC(1)=0.253］，说明能够运用多层线性模型对安全遵守影响因素进行深入研究。

控制模型2表明，教育程度对安全遵守行为产生显著正向影响（β=0.078，p<0.05），同时组织规模对安全遵守产生显著正向影响（β=0.131，p<0.05），其他控制变量并未对安全遵守产生显著影响。与零模型2相比，安全遵守的方差由0.138降至0.129，减少6.5%，说明6.5%的安全遵守组间方差能被组织规模解释（σ^2=0.173，τ_{00}=0.129，χ^2=610.883，p<0.01，$\Delta R^2_{\text{Level-2}}$=0.041）。回归模型2结果表明，心理社会安全氛围对安全遵守产生显著正向影响（β=0.631，p<0.01），与控制模型2相比，安全遵守的组间方差由0.129减少至0.036，减少了72.1%，说明有72.1%的安全遵守组间方差能够被心理社会安全氛围解释（σ^2=0.171，τ_{00}=0.036，χ^2=219.347，p<0.01，$\Delta R^2_{\text{Level-2}}$=0.607）。因此，假设H1-2成立。

5.4.2　安全压力对安全行为的影响检验

安全压力与安全行为均为个体层次变量，采用结构方程模型软件AMOS 22.0进行结构模型分析，检验安全压力各维度对安全行为各维度的影响。结构方程拟合结果见表5-5，结果表明，相关关系模型的χ^2值为5897.352，并且达到显著水平。χ^2/df值为0.746，小于拟合水平3；相关拟合指标均在0.9以上，同时根均方差误RMSEA为0.037，小于0.05的拟合标准值，说明该模型有较好的拟合度，结构模型如图5-1所示。

表5-5　结构方程模型拟合指标

χ^2	χ^2/df	RMSEA	NFI	CFI	GFI	AGFI	TLI
5897.352	0.746	0.037	0.927	0.922	0.964	0.916	0.958

结构方程路径分析结果表明，安全压力各维度对安全行为各维度的影响存在差异。其中，安全角色冲突对安全遵守具有显著负效应，人际安全冲突和安全角色模糊分别对安全参与和安全遵守具有一定的负效应，因此初步认为假设2成立。随后，采用多元线性回归方法验证安全压力各维度对安全行

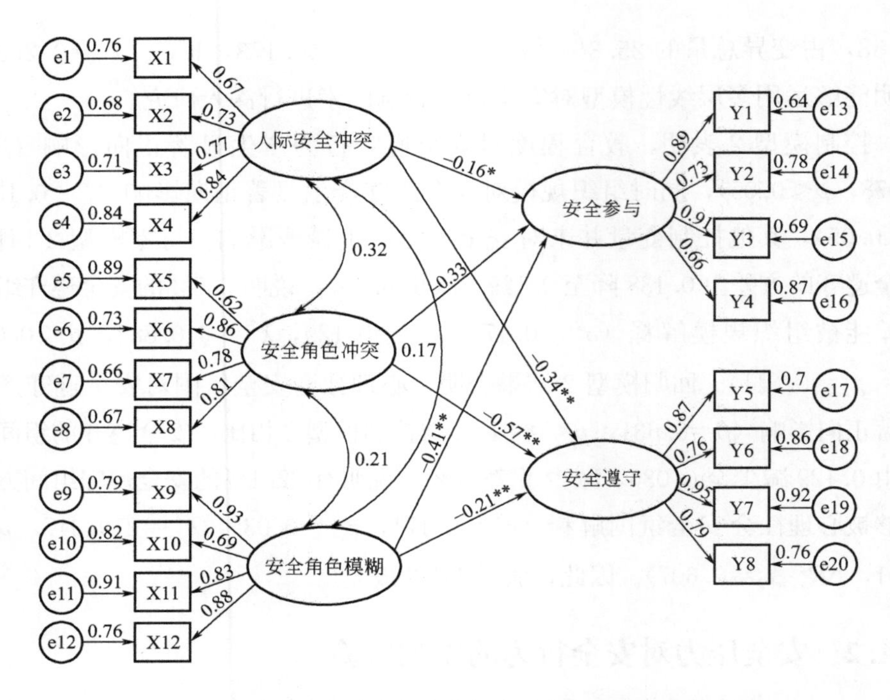

图 5-1　安全压力各维度与安全行为各维度结构方程模型图

（* 表示 $p<0.05$，** 表示 $p<0.01$）

为的影响。将安全参与和安全遵守作为因变量，安全压力的各维度作为自变量，采取全部进入法，回归结果见表 5-6。

表 5-6　安全压力各维度对安全行为各维度回归结果

变量	安全参与		安全遵守	
	模型 1	模型 2	模型 3	模型 4
控制变量				
年龄	0.006	0.014	0.017	0.045
婚姻状况	0.013	0.107	0.029	0.097
教育程度	-0.029	0.186	-0.177	-0.351
工作年限	0.314*	0.158	0.308**	0.293
安全压力				
人际安全冲突		-0.248**		-0.332**
安全角色冲突		-0.317		-0.176*

续表

变量	安全参与		安全遵守	
	模型 1	模型 2	模型 3	模型 4
安全角色模糊		-0.089^{*}		-0.231^{**}
F	18.231^{**}	13.718^{**}	21.765^{**}	23.374^{**}
R^2	0.452	0.671	0.344	0.296
ΔR^2	0.448	0.629	0.307	0.291

注：* 表示 $p<0.05$，** 表示 $p<0.01$。

表 5-6 中，模型 1 和模型 3 仅包含控制变量模型，其中工作年限对安全参与和安全遵守产生显著正向影响，其他控制变量对安全行为无显著影响。在控制变量模型基础上，模型 2 和模型 4 加入安全压力的三个维度，模型 2 回归结果表明，$\beta<0$（除安全角色冲突外其他因子 $p<0.05$），F 值为 13.718，R^2 为 0.671，说明人际安全冲突与安全角色模糊显著负向影响安全参与行为，假设 H2-1 和 H2-3 成立，假设 H2-2 不成立。模型 4 回归结果表明，$\beta<0$（所有因子 $p<0.05$），F 值为 23.374，R^2 为 0.296，说明安全压力的三个维度对安全参与均产生显著负向影响，由此可知，假设 H2-4、H2-5、H2-6 均成立。

5.4.3 安全压力的中介效应检验

（1）心理社会安全氛围对安全压力的跨层次影响

本书研究采用 HLM6.0 软件，检验心理社会安全氛围对安全压力的跨层次影响效应。建立零模型、控制模型和回归模型，通过观测回归系数显著性和方差变化程度，检验心理社会安全氛围对安全压力的影响。采用最大似然法进行参数估计，其中个体层面的测量数据进行组均值中心化处理，组织层面的测量数据进行总均值中心化处理，选取稳健性标准误差进行固定效应估计。零模型、控制模型和回归模型如下，其中 SS 为安全压力。

零模型：

$$\text{Level-1}: SS=\beta_{0j}+\gamma_{ij} \tag{5-19}$$

$$\text{Level-2}: \beta_{00}=\gamma_{00}+\mu_{0j} \tag{5-20}$$

控制模型：

$$\text{Level-1}: SS=\beta_{0j}+\beta_{1j}(AGE)+\beta_{2j}(EDU)+\beta_{3j}(MAR)+\beta_{4j}(WA)+\gamma_{ij} \quad (5\text{-}21)$$

$$\text{Level-2}: \beta_{00}=\gamma_{00}+\gamma_{01}(OS)+\gamma_{02}(OA)+\mu_{0j} \quad (5\text{-}22)$$

$$\beta_{1j}=\gamma_{10}+\mu_{1j} \quad (5\text{-}23)$$

$$\beta_{2j}=\gamma_{20}+\mu_{2j} \quad (5\text{-}24)$$

$$\beta_{3j}=\gamma_{30}+\mu_{3j} \quad (5\text{-}25)$$

$$\beta_{4j}=\gamma_{40}+\mu_{4j} \quad (5\text{-}26)$$

回归模型：

$$\text{Level-1}: SS=\beta_{0j}+\beta_{1j}(AGE)+\beta_{2j}(EDU)+\beta_{3j}(MAR)+\beta_{4j}(WA)+\gamma_{ij} \quad (5\text{-}27)$$

$$\text{Level-2}: \beta_{00}=\gamma_{00}+\gamma_{01}(OS)+\gamma_{02}(OA)+\gamma_{03}(PSC)+\mu_{0j} \quad (5\text{-}28)$$

$$\beta_{1j}=\gamma_{10}+\mu_{1j} \quad (5\text{-}29)$$

$$\beta_{2j}=\gamma_{20}+\mu_{2j} \quad (5\text{-}30)$$

$$\beta_{3j}=\gamma_{30}+\mu_{3j} \quad (5\text{-}31)$$

$$\beta_{4j}=\gamma_{40}+\mu_{4j} \quad (5\text{-}32)$$

心理社会安全氛围对人际安全冲突的跨层次分析结果见表 5-7。零模型 3 表明，人际安全冲突的组间方差显著（$\tau_{00}=0.124$，$\chi^2=773.532$，$p<0.01$），由组间差异产生的变异为 0.124，占变异总量的 39.1%[ICC(1)=0.391]，大于经验值 0.12，说明适合采用多层线性模型进行深入研究。控制模型 3 表明，个体层次的教育程度对人际安全冲突产生显著负向影响（$\beta=-0.049$，$p<0.05$），组织层次的组织年限对人际安全冲突产生显著负向影响（$\beta=-0.081$，$p<0.05$），2.4%的人际安全冲突组间方差能被组织规模解释（$\Delta R^2_{\text{Level-2}}=0.035$），其他控制变量对人际安全冲突的影响不显著。

表 5-7　心理社会安全氛围对人际安全冲突的影响

项目	零模型 3		控制模型 3		回归模型 3	
固定效应	回归系数	标准误	回归系数	标准误	回归系数	标准误
截距 γ_{00}	3.716**	0.052	3.698**	0.037	3.704**	0.041

续表

项目	零模型 3		控制模型 3		回归模型 3	
Level-1						
年龄			0.069	0.024	0.069	0.024
教育程度			−0.049*	0.062	−0.049*	0.062
婚姻状况			0.375	0.075	0.375	0.075
工作年限			0.039	0.047	0.039	0.047
Level-2						
组织规模			0.129	0.033	0.076	0.068
组织年限			−0.081*	0.053	−0.121*	0.075
PSC					−0.527**	0.082
随机效应	方差	χ^2	方差	χ^2	方差	χ^2
Level-2 τ_{00}	0.124	773.532**	0.121	567.836**	0.041	326.478**
Level-1 σ^2	0.167		0.167		0.167	
$\Delta R^2_{\text{Level-1}}$					0.007	
$\Delta R^2_{\text{Level-2}}$			0.035		0.576	
离异数（−2*LL*）	1582.921		1561.483		1497.855	

注：* 表示 $p<0.05$，** 表示 $p<0.01$。

回归模型 3 表明，心理社会安全氛围显著负向影响人际安全冲突（$\beta=-0.527$，$p<0.01$），与控制模型 3 相比，人际安全冲突的组间方差由 0.121 减少至 0.041，减少了 66.1%，说明有 66.1%的人际安全冲突组间方差能够被心理社会安全氛围解释（$\sigma^2=0.167$，$\tau_{00}=0.051$，$\chi^2=326.478$，$p<0.01$，$\Delta R^2_{\text{Level-2}}=0.576$）。由此可知，假设 H3-1 成立。

心理社会安全氛围对安全角色冲突的跨层次分析结果见表 5-8。零模型 4 表明，安全角色冲突的组间方差显著（$\tau_{00}=0.123$，$\chi^2=728.356$，$p<0.01$），由组间差异产生的变异为 0.123，占变异总量的 28.7%[ICC(1)=0.287]，大于经验值 0.12，说明适合采用多层线性模型进行深入研究。控制模型 4 分析结果表明，组织年限对安全角色冲突产生显著负向影响（$\beta=-0.047$，$p<0.05$），其他控制变量对安全角色冲突的影响不显著。与零模型 4 相比，安全角色冲突的组间方差由 0.123 减少至 0.117，减少了 4.9%。说明 4.9%的安全角色冲突组间方差能够被组织年限解释。回归模型 4 结果表明，心理社会安全氛围对安全角色冲突产生显著负向影响（$\beta=-0.413$，

$p<0.01$），与控制模型 4 相比，安全角色冲突的组间方差由 0.117 减少至 0.027，减少了 76.9%，说明 76.9%的安全角色冲突组间方差能够被心理社会安全氛围解释（$\sigma^2=0.149$，$\tau_{00}=0.027$，$\chi^2=324.336$，$p<0.01$，$\Delta R^2_{\text{Level-2}}=0.713$）。由此可知，假设 H3-2 成立。

表 5-8 心理社会安全氛围对安全角色冲突的影响

项目	零模型 4		控制模型 4		回归模型 4	
固定效应	回归系数	标准误	回归系数	标准误	回归系数	标准误
截距 γ_{00}	3.617**	0.052	3.619**	0.041	3.599**	0.057
Level-1						
年龄			0.039	0.018	0.039	0.018
教育程度			-0.158	0.074	-0.158	0.074
婚姻状况			0.098	0.031	0.098	0.031
工作年限			0.055	0.019	0.055	0.019
Level-2						
组织规模			0.159	0.063	0.092	0.040
组织年限			-0.047*	0.026	-0.058*	0.031
PSC					-0.413**	0.079
随机效应	方差	χ^2	方差	χ^2	方差	χ^2
Level-2 τ_{00}	0.123	728.356**	0.117	697.292**	0.027	324.336**
Level-1 σ^2	0.149		0.149		0.149	
$\Delta R^2_{\text{Level-1}}$					0.007	
$\Delta R^2_{\text{Level-2}}$			0.054		0.713	
离异数（-2LL）	1769.439		1699.241		1702.434	

注：* 表示 $p<0.05$，** 表示 $p<0.01$。

心理社会安全氛围对安全角色冲突的跨层次分析结果见表 5-9。零模型 5 表明，安全角色模糊的组间方差显著（$\tau_{00}=0.126$，$\chi^2=906.342$，$p<0.01$），由组间差异产生的变异为 0.126，占变异总量的 19.9% [ICC(1)=0.199]，大于经验值 0.12，说明适合采用多层线性模型进行深入研究。控制模型 5 分析结果表明，工作年限对安全角色模糊产生显著负向影响（$\beta=-0.101$，$p<0.05$），组织年限对安全角色模糊产生显著负向影响（$\beta=-0.154$，$p<0.05$），其他控制变量对安全角色模糊的影响不显著。与零模

型 5 相比，安全角色模糊的组间方差由 0.126 减少至 0.120，减少了 5%。说明 5%的安全角色模糊组间方差能够被组织年限解释。回归模型 5 发现，心理社会安全氛围对安全角色模糊产生显著负向影响（$\beta=-0.479$，$p<0.01$），与控制模型 5 相比，安全角色模糊的组间方差由 0.120 减少至 0.041，减少了 65.8%，说明有 65.8%的安全角色模糊组间方差能够被心理社会安全氛围解释（$\sigma^2=0.164$，$\tau_{00}=0.041$，$\chi^2=289.143$，$p<0.01$，$\Delta R^2_{\text{Level-2}}=0.492$）。由此可知，假设 H3-3 成立。

表 5-9 心理社会安全氛围对安全角色模糊的影响

项目	零模型 5		控制模型 5		回归模型 5	
固定效应	回归系数	标准误	回归系数	标准误	回归系数	标准误
截距 γ_{00}	3.514**	0.025	3.602**	0.026	3.593**	0.018
Level-1						
年龄			0.072	0.027	0.072	0.027
教育程度			-0.122	0.036	-0.122	0.036
婚姻状况			0.087	0.028	0.087	0.028
工作年限			-0.101*	0.039	-0.101*	0.039
Level-2						
组织规模			0.260	0.073	0.192	0.063
组织年限			-0.154*	0.048	-0.166*	0.071
PSC					-0.479**	0.083
随机效应	方差	χ^2	方差	χ^2	方差	χ^2
Level-2 τ_{00}	0.126	906.342**	0.120	741.285**	0.041	289.143**
Level-1 σ^2	0.165		0.165		0.164	
$\Delta R^2_{\text{Level-1}}$					0.004	
$\Delta R^2_{\text{Level-2}}$			0.033		0.492	
离异数（-2LL）	1573.167		1600.624		1593.881	

注：* 表示 $p<0.05$，** 表示 $p<0.01$。

（2）心理社会安全氛围对心理健康的跨层次影响

本书研究采用 HLM6.0 软件，检验心理社会安全氛围对心理健康的跨层次影响效应。建立零模型、控制模型和回归模型，通过观测回归系数显著性和方差变化程度，检验心理社会安全氛围对心理健康的影响。采用最大似然法进行参数估计，其中个体层面的测量数据进行组均值中心化处理，组织层面的测量数据进行总均值中心化处理，选取稳健性标准误差进行固定效应估计。零模型、控制模型和回归模型如下，其中 MH 为心理健康。

零模型：

$$\text{Level-1}: MH = \beta_{0j} + \gamma_{ij} \tag{5-33}$$

$$\text{Level-2}: \beta_{00} = \gamma_{00} + \mu_{0j} \tag{5-34}$$

控制模型：

$$\text{Level-1}: MH = \beta_{0j} + \beta_{1j}(AGE) + \beta_{2j}(EDU) + \beta_{3j}(MAR) + \beta_{4j}(WA) + \gamma_{ij} \tag{5-35}$$

$$\text{Level-2}: \beta_{00} = \gamma_{00} + \gamma_{01}(OS) + \gamma_{02}(OA) + \mu_{0j} \tag{5-36}$$

$$\beta_{1j} = \gamma_{10} + \mu_{1j} \tag{5-37}$$

$$\beta_{2j} = \gamma_{20} + \mu_{2j} \tag{5-38}$$

$$\beta_{3j} = \gamma_{30} + \mu_{3j} \tag{5-39}$$

$$\beta_{4j} = \gamma_{40} + \mu_{4j} \tag{5-40}$$

回归模型：

$$\text{Level-1}: MH = \beta_{0j} + \beta_{1j}(AGE) + \beta_{2j}(EDU) + \beta_{3j}(MAR) + \beta_{4j}(WA) + \gamma_{ij} \tag{5-41}$$

$$\text{Level-2}: \beta_{00} = \gamma_{00} + \gamma_{01}(OS) + \gamma_{02}(OA) + \gamma_{03}(PSC) + \mu_{0j} \tag{5-42}$$

$$\beta_{1j} = \gamma_{10} + \mu_{1j} \tag{5-43}$$

$$\beta_{2j} = \gamma_{20} + \mu_{2j} \tag{5-44}$$

$$\beta_{3j} = \gamma_{30} + \mu_{3j} \tag{5-45}$$

$$\beta_{4j} = \gamma_{40} + \mu_{4j} \tag{5-46}$$

心理社会安全氛围对心理健康的跨层次分析结果见表 5-10。零模型 6 表明，心理健康的组间方差显著（$\tau_{00}=0.187$，$\chi^2=778.592$，$p<0.01$），由组间差异产生的变异为 0.187，占变异总量的 38.2% [ICC(1)=0.382]，大于经验值 0.12，说明适合采用多层线性模型进行深入研究。控制模型 6 分析结果表明，组织年限对心理健康产生显著负向影响（$\beta=-0.147$，$p<0.05$），其他控制变量对心理健康的影响不显著。与零模型 6 相比，心理健康的组间方差由 0.187 减少至 0.181，减少了 3.2%。说明 3.2%的心理健康组间方差能够被组织年限解释。由回归模型 6 发现，心理社会安全氛围

对心理健康产生显著正向影响（$\beta=0.296$，$p<0.01$），与控制模型 6 相比，心理健康的组间方差由 0.181 减少至 0.055，减少了 69.6%，说明有 69.6% 的心理健康组间方差能够被心理社会安全氛围解释（$\sigma^2=0.157$，$\tau_{00}=0.055$，$\chi^2=309.246$，$p<0.01$，$\Delta R^2_{\text{Level-2}}=0.464$）。由此可知，假设 H4 成立。

表 5-10　心理社会安全氛围对心理健康的影响

项目	零模型 6		控制模型 6		回归模型 6	
固定效应	回归系数	标准误	回归系数	标准误	回归系数	标准误
截距 γ_{00}	3.267**	0.029	3.267**	0.045	3.259**	0.027
Level-1						
年龄			0.076	0.019	0.076	0.019
教育程度			0.108	0.030	0.108	0.030
婚姻状况			0.044	0.025	0.044	0.025
工作年限			-0.183	0.078	-0.183	0.078
Level-2						
组织规模			0.076	0.042	0.093	0.043
组织年限			-0.147*	0.055	-0.187*	0.051
PSC					0.296**	0.037
随机效应	方差	χ^2	方差	χ^2	方差	χ^2
Level-2 τ_{00}	0.187	778.592**	0.181	636.583**	0.055	309.246**
Level-1 σ^2	0.159		0.159		0.157	
$\Delta R^2_{\text{Level-1}}$					0.008	
$\Delta R^2_{\text{Level-2}}$			0.077		0.464	
离异数（-2LL）	1595.237		1607.353		1715.297	

注：* 表示 $p<0.05$，** 表示 $p<0.01$。

（3）安全压力的中介作用

Zhang 等[185] 提出了两种跨层次中介效应模型，见图 5-2。模型（A）是低水平跨层次中介模型，其中自变量在 Level-2，因变量与中介变量在 Level-1，因此简称为 2-1-1 模型；模型（B）是高水平跨层次中介模型，其中自变量和中介变量在 Level-2，因变量在 Level-1，因此可简称为 2-2-1 模型。本书研究中自变量（心理社会安全氛围）在 Level-2（组织层面），中介变量（安全压力）和因变量（心理健康）在 Level-1（个体层面），因此选取 2-1-1 模型进行研究。

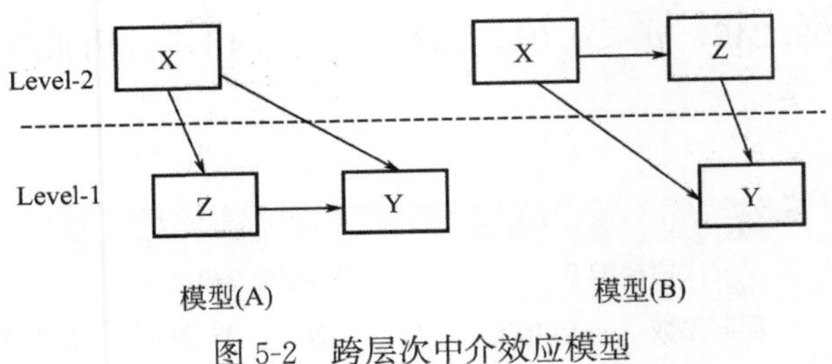

图 5-2　跨层次中介效应模型

Baron 和 Kenny[186] 提出了检验中介效应的方法：a. 检验自变量对因变量的影响，若回归效应显著，则进行下一步检验；b. 检验自变量对中介变量的影响，若回归效应显著，则进行下一步检验；c. 检验自变量和中介变量对因变量的影响程度，根据自变量系数变化来判别是否存在中介效应。韩志伟等[187] 采用 Baron 提出的方法检验了跨层次模型的中介效应，因此，本书研究采用该方法进行跨层次中介效应检验。

前文研究完成了心理社会安全氛围对安全压力的跨层次效应检验，以及心理社会安全氛围对心理健康的跨层次效应检验，因此这里主要对第三步进行检验。为了清晰地展示方差变化和模型拟合度，心理社会安全氛围对心理健康的回归系数仍在表 5-11 中呈现。

采用 HLM6.0 软件进行多次线性回归分析，选取最大似然法（REML）进行参数估计。个体层面的安全压力与心理健康变量的测量数据进行组均值中心化处理，组织层面心理社会安全氛围变量的测量数据进行总均值中心化处理，选取稳健性标准误差进行固定效应估计。中介模型方程如下所示。

$$\text{Level-1}: MH=\beta_{0j}+\beta_{1j}(SS)+\beta_{2j}(AGE)+\beta_{3j}(EDU)+\beta_{4j}(MAR)+\beta_{5j}(WA)+\gamma_{ij} \quad (5\text{-}47)$$

$$\text{Level-2}: \beta_{00}=\gamma_{00}+\gamma_{01}(OS)+\gamma_{02}(OA)+\gamma_{03}(PSC)+\mu_{0j} \quad (5\text{-}48)$$

$$\beta_{1j}=\gamma_{10}+\mu_{1j} \quad (5\text{-}49)$$

$$\beta_{2j}=\gamma_{20}+\mu_{2j} \quad (5\text{-}50)$$

$$\beta_{3j} = \gamma_{30} + \mu_{3j} \tag{5-51}$$

$$\beta_{4j} = \gamma_{40} + \mu_{4j} \tag{5-52}$$

$$\beta_{5j} = \gamma_{50} + \mu_{5j} \tag{5-53}$$

其中，MH 指心理健康，SS 指安全压力（包含人际安全冲突、安全角色冲突和安全角色模糊 3 个变量），PSC 指心理社会安全氛围。

安全压力在心理社会安全氛围和心理健康之间的中介效应见表 5-11。回归模型 1 检验了心理社会安全氛围对心理健康的影响，分析结果在上文进行了详细描述，发现心理社会安全氛围对心理健康产生显著正向影响（$\beta=0.296$，$p<0.01$），满足第一步中介检验条件，同时第二步中介检验已完成（见表 5-7～表 5-9）。中介模型 1、中介模型 2 和中介模型 3 用来检验不同安全压力的中介效应。

表 5-11　安全压力的跨层次中介效应检验

项目	回归模型 1		中介模型 1		中介模型 2		中介模型 3	
固定效应	系数	标准误	系数	标准误	系数	标准误	系数	标准误
截距 γ_{00}	3.259**	0.027	3.247**	0.024	3.245*	0.025	3.242**	0.027
Level-1								
年龄	0.076	0.019	0.057	0.017	0.043	0.021	0.035	0.018
教育程度	0.108	0.030	0.066	0.012	-0.073	0.039	0.103	0.026
婚姻状况	0.044	0.025	0.029	0.016	0.049	0.011	0.067	0.031
工作年限	-0.183	0.078	0.169	0.057	-0.216	0.047	-0.130	0.031
人际安全冲突			-0.493**	0.043				
安全角色冲突					-0.598**	0.033		
安全角色模糊							-0.442**	0.065
Level-2								
组织规模	0.093	0.043	-0.069	0.022	0.057	0.031	0.108	0.014
组织年限	-0.187*	0.051	0.078	0.009	-0.116*	0.035	-0.163	0.025
PSC	0.296**	0.037	0.183**	0.083	0.170**	0.051	0.159**	0.039
随机效应	方差	χ^2	方差	χ^2	方差	χ^2	方差	χ^2
Level-2 τ_{00}	0.055	309.247**	0.054	305.561**	0.055	296.286**	0.053	301.663**
Level-1 σ^2	0.157		0.128		0.121		0.116	

续表

项目	回归模型 1	中介模型 1	中介模型 2	中介模型 3
$\Delta R^2_{Level\text{-}1}$		0.172	0.245	0.261
$\Delta R^2_{Level\text{-}2}$		0.133	0.027	0.133
离异数（-2LL）	1715.297	1676.492	1639.753	1698.181

注： * 表示 $p<0.05$， ** 表示 $p<0.01$。

中介模型 1 用来检验人际安全冲突在心理社会安全氛围和心理健康之间的中介作用。根据表 5-7 的回归模型 3 结果，发现心理社会安全氛围显著负向影响人际安全冲突（$\beta=-0.527$，$p<0.01$），因此，中介模型的前两步检验得以证实，而中介模型 1 为对第三步的检验。结果表明，将人际安全冲突和心理社会安全氛围同时纳入回归方程，心理社会安全氛围的回归系数由 0.296（$p<0.01$）降至 0.183（$p<0.01$）。人际安全冲突的回归系数显著（$\beta=-0.493$，$p<0.01$），组内方差由 0.157 降至 0.128，人际安全冲突解释了心理健康组内变异的 17.2%（$\Delta R^2_{Level\text{-}1}=0.172$），组间方差提高了 13.3%（$\Delta R^2_{Level\text{-}2}=0.133$），同时模型离异数减小（$-2LL=1676.492$）。综上可知，人际安全冲突在心理社会安全氛围和心理健康之间起部分中介作用，假设 H5-1 得到证实。

中介模型 2 用来检验安全角色冲突在心理社会安全氛围和心理健康之间的中介作用。分析结果表明，将安全角色冲突和心理社会安全氛围同时纳入回归方程，心理社会安全氛围的回归系数由 0.296（$p<0.01$）降至 0.170（$p<0.01$）。安全角色冲突的回归系数显著（$\beta=-0.598$，$p<0.01$），组内方差由 0.157 降至 0.121，安全角色冲突解释了心理健康组内变异的 24.5%（$\Delta R^2_{Level\text{-}1}=0.245$），同时模型离异数减小（$-2LL=1639.753$），模型适配性增强。综上可知，安全角色冲突在心理社会安全氛围和心理健康之间起部分中介作用，假设 H5-2 得到证实。

中介模型 3 用来检验安全角色模糊在心理社会安全氛围和心理健康之间的中介作用。分析结果表明，将安全角色模糊和心理社会安全氛围同时纳入回归方程，心理社会安全氛围的回归系数由 0.296（$p<0.01$）降至 0.159（$p<0.01$）。安全角色模糊的回归系数显著（$\beta=-0.442$，$p<0.01$），组内方差由 0.157 降至 0.116，安全角色模糊解释了心理健康组内变异的 26.1%

($\Delta R^2_{Level\text{-}1}=0.261$)，组间方差提高了 13.3%（$\Delta R^2_{Level\text{-}2}=0.133$），同时模型离异数减小（$-2LL=1698.181$），模型适配性增强。综上可知，安全角色模糊在心理社会安全氛围和心理健康之间起部分中介作用，假设 H5-3 得到证实。

5.4.4 心理健康的中介效应检验

前文研究完成了心理社会安全氛围对心理健康的跨层次效应检验，以及心理社会安全氛围对安全行为的跨层次效应检验，采用 5.4.3 部分提出的中介效应方法，对中介效应的第三步进行检验。为了清晰地展示方差变化和模型拟合度，心理社会安全氛围对安全参与（回归模型 2）和安全遵守（回归模型 3）的回归系数仍在表 5-12 中呈现。

表 5-12 心理健康的跨层次中介效应检验

项目	回归模型 2		回归模型 3		中介模型 4		中介模型 5	
固定效应	系数	标准误	系数	标准误	系数	标准误	系数	标准误
截距 γ_{00}	3.614**	0.017	3.829**	0.038	3.517**	0.084	3.662**	0.052
Level-1								
年龄	0.067	0.028	0.052	0.032	0.052	0.017	0.030	0.009
教育程度	0.093	0.052	0.078*	0.041	0.105*	0.041	0.131	0.035
婚姻状况	0.162	0.033	0.118	0.028	0.077	0.034	0.082	0.021
工作年限	-0.083	0.024	-0.075	0.024	-0.174	0.028	-0.150	0.063
心理健康					0.376**	0.072	0.485**	0.056
Level-2								
组织规模	0.094	0.062	0.089*	0.045	0.022	0.007	0.080	0.025
组织年限	0.158*	0.039	0.178	0.059	0.155	0.061	0.167	0.059
PSC	0.473**	0.067	0.631**	0.053	0.219**	0.062	0.435**	0.048
随机效应	方差	χ^2	方差	χ^2	方差	χ^2	方差	χ^2
Level-2 τ_{00}	0.083	386.617**	0.036	219.341**	0.082	380.187**	0.035	216.573**
Level-1 σ^2	0.188		0.171		0.172		0.154	
$\Delta R^2_{Level\text{-}1}$					0.146		0.199	
$\Delta R^2_{Level\text{-}2}$					-0.165		-0.178	
离异数（-2LL）	1731.803		1709.975		1689.932		1693.287	

注： * 表示 $p<0.05$， ** 表示 $p<0.01$。

采用 HLM6.0 进行多次线性回归分析，选取最大似然法（REML）进行参数估计。个体层面的心理健康与安全行为变量的测量数据进行组均值中心化处理，组织层面心理社会安全氛围变量的测量数据进行总均值中心化处理，选取稳健性标准误差进行固定效应估计。中介模型方程如下所示。

$$\text{Level-1}: SB=\beta_{0j}+\beta_{1j}(MH)+\beta_{2j}(AGE)+\beta_{3j}(EDU)+\beta_{4j}(MAR)+\beta_{5j}(WA)+\gamma_{ij} \tag{5-54}$$

$$\text{Level-2}: \beta_{00}=\gamma_{00}+\gamma_{01}(OS)+\gamma_{02}(OA)+\gamma_{03}(PSC)+\mu_{0j} \tag{5-55}$$

$$\beta_{1j}=\gamma_{10}+\mu_{1j} \tag{5-56}$$

$$\beta_{2j}=\gamma_{20}+\mu_{2j} \tag{5-57}$$

$$\beta_{3j}=\gamma_{30}+\mu_{3j} \tag{5-58}$$

$$\beta_{4j}=\gamma_{40}+\mu_{4j} \tag{5-59}$$

$$\beta_{5j}=\gamma_{50}+\mu_{5j} \tag{5-60}$$

其中，*MH* 指心理健康，*SB* 指安全行为（包含安全参与和安全遵守），*PSC* 指心理社会安全氛围。

中介模型 4 用来检验心理健康在心理社会安全氛围和安全参与之间的中介作用。分析结果表明，将心理健康和心理社会安全氛围同时纳入回归方程，心理社会安全氛围的回归系数由 0.473（$p<0.01$）降至 0.219（$p<0.01$）。心理健康的回归系数显著（$\beta=0.376$，$p<0.01$），组内方差由 0.188 降至 0.172，心理健康解释了安全参与组内变异的 14.6%（$\Delta R^2_{\text{Level-1}}=0.146$），组间方差提高了 16.5%（$\Delta R^2_{\text{Level-2}}=-0.165$），同时模型离异数减小（$-2LL=1689.932$）。综上可知，心理健康在心理社会安全氛围和安全参与之间起部分中介作用，假设 H6-1 得到证实。

中介模型 5 用来检验心理健康在心理社会安全氛围和安全遵守之间的中介作用。分析结果表明，将心理健康和心理社会安全氛围同时纳入回归方程，心理社会安全氛围的回归系数由 0.631（$p<0.01$）降至 0.435（$p<0.01$）。心理健康的回归系数显著（$\beta=0.485$，$p<0.01$），组内方差由 0.171 降至 0.154，心理健康解释了安全遵守组内变异的 19.9%（$\Delta R^2_{\text{Level-1}}=0.199$），同时模型离异数减小（$-2LL=1693.287$），模型适配性增强。综上可知，心理健康在心理社会安全氛围和安全遵守之间起部分中介作用，假设 H6-2 得到证实。

5.4.5 安全压力和心理健康的链式中介效应检验

选取结构方程模型（SEM）和 Bootstrap 法检验安全压力和心理健康在心理社会安全氛围和安全行为之间的链式中介效应。采用 AMOS 22.0 构建中介模型，并对模型进行修正，其中，模型 1 为完全中介模型；修正模型 2 在模型 1 的基础上，加入一条从安全压力到安全行为的路径；修正模型 3 在模型 1 的基础上，加入一条从心理社会安全氛围到心理健康的路径；修正模型 4 在模型 1 的基础上，同时加入两条路径，即从安全压力到安全行为和心理社会安全氛围到心理健康。模型拟合结果见表 5-13，结果表明，修正模型 3 与其他模型相比，拟合度最优（$\chi^2/df=1.353$，RMSEA＝0.032，SRMR＝0.021，CFI＝0.983，AGFI＝0.937）。

表 5-13 中介修正模型

模型	χ^2	df	χ^2/df	RMSEA	SRMR	CFI	AGFI
模型 1	1381	847	1.630	0.064	0.068	0.915	0.875
修正模型 2	1276	845	1.510	0.045	0.045	0.947	0.846
修正模型 3	1145	846	1.353	0.032	0.021	0.983	0.937
修正模型 4	1231	843	1.460	0.036	0.025	0.965	0.862

修正模型 3 的标准化系数模型见图 5-3。为进一步检验中介效应的强度，采用偏差校正百分位 Bootstrap 法进行分析，选取 Bootstrap 样本数为 5000，置信区间（CI）为 95%。检验结果见表 5-14。

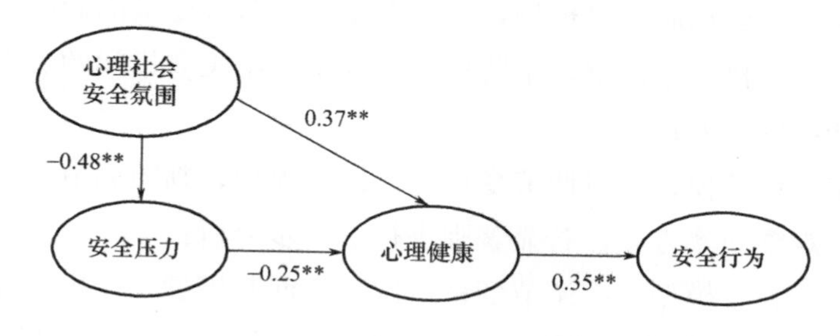

图 5-3 修正模型 3 的标准化路径系数

其中，路径“心理社会安全氛围-安全压力-心理健康-安全行为”置信区间不含0，链式中介效应显著，标准化间接效应值为0.183（$p<0.01$，95% CI：0.037～0.145），相对中介效应值为38.51%；路径“心理社会安全氛围-心理健康-安全行为”置信区间不含0，心理健康的中介效应显著，标准化间接效应值为0.075（$p<0.01$，95% CI：0.053～0.116），相对中介效应值为16.35%。由此可知，心理社会安全氛围通过安全压力和心理健康的链式中介效应以及心理健康的中介效应影响安全行为。综上可知，假设H7得到验证。

表5-14　中介效应检验

路径	效应值	Boot 标注误	CI 下限	CI 上限	相对中介效应/%
总间接效应值	0.258	0.032	0.075	0.218	54.86
PSC→SS→MH→SB	0.183	0.041	0.037	0.145	38.51
PSC→MH→SB	0.075	0.036	0.053	0.116	16.35

注：PSC为心理社会安全氛围，SS为安全压力，MH为心理健康，SB为安全行为。

5.4.6　安全变革型领导的跨层次调节效应检验

跨层次调节模型用来检验高层次变量调节两个低层次变量间的关系或是调节高层次变量与低层次变量间的关系。温福星[188]提出了跨层次调节检验方法：

第一步，零模型分析，用来判断是否存在组间差异，从而决定是否可以进行跨层次分析；

第二步，构建控制变量模型，判断控制变量对因变量的影响；

第三步，随机截距模型，主要检验自变量与结果变量间的关系，并观察组间方差和组内方差；

第四步，情境模型，将调节变量加入回归模型，判断调节变量对因变量的影响，并观察斜率方差，若显著则进行下一步分析；

第五步，完整模型，将调节变量再次加入回归模型，产生交互项，通过判断交互项的显著程度和$\Delta R^2_{\text{Level-2交互效应}}$的变化程度，来确定是否存在交互效应。

采用 HLM 6.0 软件，根据上述方法对假设 8 安全变革型领导对心理社会安全氛围与安全行为关系的跨层次调节效应进行检验。安全参与和安全遵守的零模型和控制模型在 5.4.1 部分中完成了检验，结果表明，组间变异显著存在，因此需要采用多层线性模型进行深入分析。相关随机截距模型、情境模型和完整模型的方程如下所示：

① 随机截距模型

$$\text{Level-1}: SB=\beta_{0j}+\beta_{1j}(AGE)+\beta_{2j}(EDU)+\beta_{3j}(MAR)+\beta_{4j}(WA)+\gamma_{ij} \tag{5-61}$$

$$\text{Level-2}: \beta_{00}=\gamma_{00}+\gamma_{01}(OS)+\gamma_{02}(OA)+\gamma_{03}(PSC)+\mu_{0j} \tag{5-62}$$

$$\beta_{1j}=\gamma_{10}+\mu_{1j} \tag{5-63}$$

$$\beta_{2j}=\gamma_{20}+\mu_{2j} \tag{5-64}$$

$$\beta_{3j}=\gamma_{30}+\mu_{3j} \tag{5-65}$$

$$\beta_{4j}=\gamma_{40}+\mu_{4j} \tag{5-66}$$

② 情境模型

$$\text{Level-1}: SB=\beta_{0j}+\beta_{1j}(AGE)+\beta_{2j}(EDU)+\beta_{3j}(MAR)+\beta_{4j}(WA)+\gamma_{ij} \tag{5-67}$$

$$\text{Level-2}: \beta_{00}=\gamma_{00}+\gamma_{01}(OS)+\gamma_{02}(OA)+\gamma_{03}(PSC)+\gamma_{04}(STL)\mu_{0j} \tag{5-68}$$

$$\beta_{1j}=\gamma_{10}+\mu_{1j} \tag{5-69}$$

$$\beta_{2j}=\gamma_{20}+\mu_{2j} \tag{5-70}$$

$$\beta_{3j}=\gamma_{30}+\mu_{3j} \tag{5-71}$$

$$\beta_{4j}=\gamma_{40}+\mu_{4j} \tag{5-72}$$

③ 完整模型

$$\text{Level-1}: SB=\beta_{0j}+\beta_{1j}(AGE)+\beta_{2j}(EDU)+\beta_{3j}(MAR)+\beta_{4j}(WA)+\gamma_{ij} \tag{5-73}$$

$$\text{Level-2}: \beta_{00}=\gamma_{00}+\gamma_{01}(OS)+\gamma_{02}(OA)+\gamma_{03}(PSC*STL)+\mu_{0j} \tag{5-74}$$

$$\beta_{1j}=\gamma_{10}+\mu_{1j} \tag{5-75}$$

$$\beta_{2j}=\gamma_{20}+\mu_{2j} \tag{5-76}$$

$$\beta_{3j}=\gamma_{30}+\mu_{3j} \tag{5-77}$$

$$\beta_{4j}=\gamma_{40}+\mu_{4j} \tag{5-78}$$

其中，*SB* 为安全行为，包含安全参与和安全遵守两个维度，*PSC* 为心理社会安全氛围，*STL* 为安全变革型领导。选取最大似然法（REML）进行参数估计。个体层面的测量数据进行组均值中心化处理，组织层面心理的测量数据进行总均值中心化处理，选取稳健性标准误差进行固定效应估计。

根据上述方法，分别对安全变革型领导对心理社会安全氛围与安全参与和心理社会安全氛围与安全遵守的跨层次调节效应进行检验，分析结果见表 5-15 和表 5-16。

表 5-15　安全变革型领导对安全参与的跨层次调节作用

项目	随机截距模型 1		情境模型 1		完整模型 1	
固定效应	回归系数	标准误	回归系数	标准误	回归系数	标准误
截距 γ_{00}	3.614**	0.017	3.611**	0.034	3.610**	0.032
Level-1						
年龄	0.067	0.028	0.089	0.021	0.037	0.008
教育程度	0.093	0.052	0.137	0.041	0.126	0.035
婚姻状况	0.162	0.033	0.067	0.011	0.037	0.015
工作年限	−0.083	0.024	0.119	0.027	−0.109	0.042
Level-2						
组织规模	0.094	0.062	0.088	0.032	0.079	0.034
组织年限	0.158*	0.039	0.141	0.035	−0.160*	0.041
PSC	0.473**	0.067	0.485**	0.062	0.516**	0.052
STL			0.341	0.093	0.513	0.107
交互项						
PSC * *STL*					0.476**	0.075
随机效应	方差	χ^2	方差	χ^2	方差	χ^2
Level-2 τ_{00}	0.187	778.592**	0.182	748.357**	0.179	709.148**
Level-2 τ_{11}	0.047	96.256*	0.045	96.208*	0.027	79.821*
Level-1 σ^2	0.159		0.159		0.158	
$\Delta R^2_{Level\text{-}1}$	0.004					
$\Delta R^2_{Level\text{-}2}$	0.071		0.062			
$\Delta R^2_{Level\text{-}2交互效应}$					0.487	
离异数（−2LL）	1731.803		1710.376		1692.858	

注：* 表示 $p<0.05$，** 表示 $p<0.01$。

表 5-16 安全变革型领导对安全遵守的跨层次调节作用

项目	随机截距模型 2		情境模型 2		完整模型 2	
固定效应	回归系数	标准误	回归系数	标准误	回归系数	标准误
截距 γ_{00}	3.829**	0.038	3.826**	0.045	3.825**	0.037
Level-1						
年龄	0.052	0.032	0.087	0.012	0.053	0.016
教育程度	0.078*	0.041	0.169	0.018	0.168	0.043
婚姻状况	0.118	0.028	0.058	0.028	0.054	0.031
工作年限	-0.075	0.024	0.103	0.032	-0.117	0.054
Level-2						
组织规模	0.089*	0.045	0.124	0.056	0.064	0.023
组织年限	0.178	0.059	0.108	0.042	-0.152*	0.034
PSC	0.631**	0.053	0.485**	0.062	0.523**	0.045
STL			0.299	0.074	0.315	0.028
交互项						
PSC * *STL*					0.583**	0.121
随机效应	方差	χ^2	方差	χ^2	方差	χ^2
Level-2 τ_{00}	0.036	219.348**	0.034	217.385**	0.017	205.249**
Level-2 τ_{11}	0.059	57.353*	0.057	52.167*	0.018	46.383*
Level-1 σ^2	0.171		0.159		0.158	
$\Delta R^2_{\text{Level-1}}$	0.007					
$\Delta R^2_{\text{Level-2}}$	0.063		0.054			
$\Delta R^2_{\text{Level-2交互效应}}$					0.377	
离异数（-2LL）	1709.971		1674.367		1659.352	

注： * 表示 $p<0.05$， ** 表示 $p<0.01$。

（1）安全变革型领导对心理社会安全氛围与安全参与的跨层次调节效应

表 5-15 中随机截距模型 1、情境模型 1 和完整模型 1 用来检验心理社会安全氛围与安全参与的关系，安全变革型领导与安全参与的关系以及安全变革型领导的调节作用。随机截距模型 1 结果表明，心理社会安全氛围显著正向影响安全参与行为（$\beta=0.473$，$p<0.01$）。情境模型 1 表明，安全变革型领导的回归系数不显著，并且对第一层回归模型无法解释（$\beta=0.341$，$p>0.05$，$\Delta R^2_{\text{Level-2}}=0.062$），然而，第二层斜率存在组间差异（$\tau_{11}=$

0.045，$\chi^2=96.208$，$p<0.05$,)，说明调节效应可能存在。完整模型1结果表明，交互效应回归系数显著（$\beta=0.476$，$p<0.01$)，并且解释了48.7%的组间差异（$\tau_{11}=0.027$，$\chi^2=79.821$，$p<0.05$，$\Delta R^2_{\text{Level-2交互效应}}=0.487$)，说明安全变革型领导对安全参与行为没有显著影响，但是会调节心理社会安全氛围对安全参与的影响，调节效应显著存在。因此，假设H8-1得到证实。

采用简单斜率法直观地呈现安全变革型领导对心理社会安全氛围和安全参与的调节效应，见图5-4。研究发现，与低水平安全变革型领导相比，高水平的安全变革型领导能够显著增强心理社会安全氛围对安全参与的正向影响。

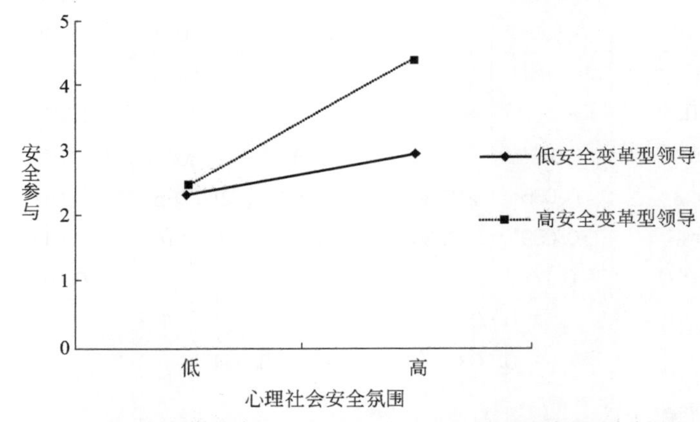

图5-4　安全变革型领导在心理社会安全氛围和安全参与之间的调节效应

（2）安全变革型领导对心理社会安全氛围与安全遵守的跨层次调节效应

表5-16中随机截距模型2、情境模型2和完整模型2用来检验心理社会安全氛围与安全遵守的关系，安全变革型领导与安全遵守的关系以及安全变革型领导的调节作用。随机截距模型2结果表明，心理社会安全氛围显著正向影响安全遵守行为（$\beta=0.631$，$p<0.01$)。情境模型1表明，安全变革型领导的回归系数不显著，并且对第一层回归模型无法解释（$\beta=0.299$，$p>0.05$，$\Delta R^2_{\text{Level-2}}=0.054$)，然而，第二层斜率存在组间差异（$\tau_{11}=$

0.057，$\chi^2=52.167$，$p<0.05$），说明调节效应可能存在。完整模型1结果表明，交互效应回归系数显著（$\beta=0.583$，$p<0.01$），并且解释了37.7%的组间差异（$\tau_{11}=0.018$，$\chi^2=46.383$，$p<0.05$，$\Delta R^2_{\text{Level-2交互效应}}=0.377$），说明安全变革型领导对安全遵守行为没有显著影响，但是会调节心理社会安全氛围对安全遵守的影响，调节效应显著存在。因此，假设H8-2得到证实。

采用简单斜率法直观地呈现安全变革型领导对心理社会安全氛围和安全遵守的调节效应，见图5-5。研究发现，与低水平安全变革型领导相比，高水平的安全变革型领导能够显著增强心理社会安全氛围对安全遵守的正向影响。

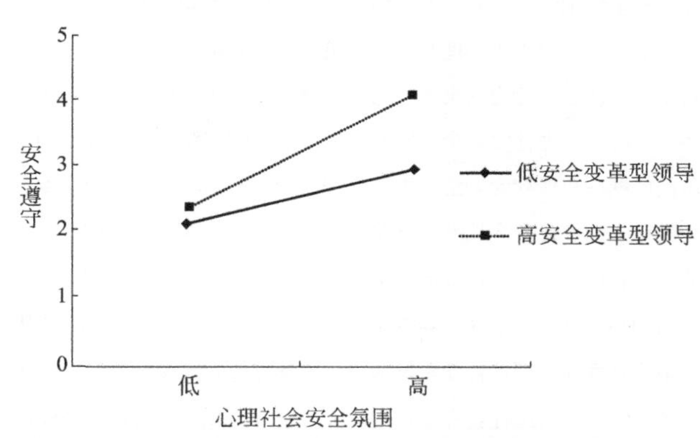

图5-5　安全变革型领导在心理社会安全氛围和安全遵守之间的调节效应

5.5 结果分析

5.5.1 假设检验结果总结

根据数据检验分析结果，本研究提出的假设基本得到了验证，具体结果见表5-17。

表 5-17 假设结果总结

假设	内容	结果
H1-1	心理社会安全氛围对矿工安全参与具有跨层次正向影响	支持
H1-2	心理社会安全氛围对矿工安全遵守具有跨层次正向影响	支持
H2-1	人际安全冲突对矿工安全参与产生显著负向影响	支持
H2-2	安全角色冲突对矿工安全参与产生显著负向影响	不支持
H2-3	安全角色模糊对矿工安全参与产生显著负向影响	支持
H2-4	人际安全冲突对矿工安全遵守产生显著负向影响	支持
H2-5	安全角色冲突对矿工安全遵守产生显著负向影响	支持
H2-6	安全角色模糊对矿工安全遵守产生显著负向影响	支持
H3-1	心理社会安全氛围对矿工人际安全冲突产生跨层次负向影响	支持
H3-2	心理社会安全氛围对矿工安全角色冲突产生跨层次负向影响	支持
H3-3	心理社会安全氛围对矿工安全角色模糊产生跨层次负向影响	支持
H4	心理社会安全氛围对矿工心理健康产生跨层次正向影响	支持
H5-1	人际安全冲突在心理社会安全氛围与心理健康之间起跨层次中介作用	支持
H5-2	安全角色冲突在心理社会安全氛围与心理健康之间起跨层次中介作用	支持
H5-3	安全角色模糊在心理社会安全氛围与心理健康之间起跨层次中介作用	支持
H6-1	心理健康在心理社会安全氛围与安全参与之间起跨层次中介作用	支持
H6-2	心理健康在心理社会安全氛围与安全遵守之间起跨层次中介作用	支持
H7	安全压力和心理健康在心理社会安全氛围与安全行为间起链式中介作用	支持
H8-1	安全变革型领导在心理社会安全氛围与安全参与之间起跨层次调节作用	支持
H8-2	安全变革型领导在心理社会安全氛围与安全遵守之间起跨层次调节作用	支持

5.5.2 心理社会安全氛围对安全行为的主效应分析

本书研究对心理社会安全氛围的测量采用了自行编制的量表，包含了 6 个维度 18 个题目。实证阶段，采用分层线性回归模型检验心理社会安全氛围对安全行为的影响。实证结果证实了假设 1 的两个子假设（H1-1 和 H1-2），说明组织层次的心理社会安全氛围对矿工的角色内绩效（安全遵守）和角色外绩效（安全参与）均有显著跨层次正向影响。组织的心理社会安全氛围水平越高，矿工相对应的安全行为水平越高。这一结论与 Hall 等[23]、Bronkhorst 等[24]、Mansour 等[103] 和 Zadow 等[104] 的研究成果相符。所得结论肯定了心理社会安全氛围在高危职业员工安全管理中的应用价值，同时拓展了安全氛围构建的新思路。组织对心理社会安全氛围的重视和相关制度架构，很可能是持续提升员工安全行为的有效途径。

该结论在煤矿安全管理的情境中，证实了应用社会交换理论对心理社会安全氛围和安全行为之间关系的解释。社会交换理论指出，组织和员工处在相互依存的社会交换关系中，双方通过利益资源互换实现社会交换，交换行为随之产生了相互影响，当员工能够从组织中获得利己的好处时，会采取积极的行动进行回馈。心理社会安全氛围和安全行为是组织和员工特有的工作资源。心理社会安全氛围为员工提供了心理健康等级优先、心理安全培训、公正的薪酬奖励、心理安全承诺、参与安全管理的权利和公平晋升的机遇，这些规程和制度能够帮助员工获取资源、利益和信任，根据社会交换理论中的互惠原则，员工会自觉遵守安全规程，并自发帮助同伴和组织来实现操作安全。由此可知，组织和员工通过资源的互惠互换原则，完成了社会交换。

考虑到安全氛围对安全行为产生影响[189]，心理社会安全氛围很可能是从组织视角提升安全行为的有效途径。之前大部分学者的研究主要集中在从氛围的视角分析对安全行为的影响机理，鲜有学者从组织层面的氛围来研究其对安全行为的影响。该研究结果证实了组织层面的心理社会安全氛围对安全行为具有跨层次正向影响效应，不仅延伸了安全氛围的研究，而且发现组织层面的氛围同样影响到矿工的安全行为，对管理者从组织视角提升员工的安全行为具有借鉴意义。

5.5.3 安全压力对安全行为的影响分析

本书研究采用结构方程模型和逐步回归分析法检验矿工的安全压力对安全行为的影响，实证分析结果证实了假设 H2-1、H2-3、H2-4、H2-5 和 H2-6，假设 H2-2 不成立，即安全压力的各维度对安全遵守具有显著负向影响，人际安全冲突和安全角色模糊对安全参与具有显著负向影响。说明安全压力对矿工的安全行为产生消极影响，组织应该对安全压力进行有效预防和控制，有助于提升安全行为。这一结论与 Sampson 等[28]、Wang 等[109]、Gracia 等[108]、李乃文等[190] 和邸鸿喜[191] 的研究结果相似。与工作压力相比，安全压力是其中的一部分压力源，针对的主要是高危职业群体，工作中影响他们安全的职业风险因素较多，对应的会出现复杂的安全问题。所得结论揭示了安全压力给员工带来消极的工作结果，帮助员工预防和缓解安全压力成为组织迫在眉睫的任务。

Wang 等[109] 研究发现安全压力的三个维度对安全参与的影响不显著，而该研究发现安全角色模糊和人际安全冲突对安全参与具有显著负向影响，这一差异很可能是由员工的工作情境、作业强度和安全风险感知不同而引起的。当矿工个体之间出现人际安全冲突时，其自身的安全利益随之发生损害，伴随着矛盾的集聚而形成博弈，同时个体会采取各种手段来维护自身的利益，避免造成利益损失和身心伤害。作业现场发生人际安全冲突，通常会使个体出现消极情绪和逆反心理[192]，不仅会不遵守安全操作规程，而且不会自觉地帮助同伴或是参与安全管理来保障组织的安全生产。安全角色模糊是指个体对完成工作所需的安全任务和安全规范而扮演的角色认识不清晰，这种安全认知的缺失，对安全参与和安全遵守行为都会产生负面影响。安全角色冲突对安全参与的影响不显著，可能是由于矿工各工种在安全职能分配上较为清晰，即便发生与期望不相符的角色冲突，都不会影响到矿工的安全意识和主观能动性，他们仍然会为自身的人身安全和组织的生产安全努力奉献。

矿工的工作情境相对特殊，需要长期在井下作业，通常要求轮岗夜班作业，其面临的安全压力相对突显，相应的时间和精力方面的工作投入会减小，通过自身资源的消耗来完成高负荷的作业需求，这种持续的资源损耗会导致危险行为发生。人际安全冲突、安全角色模糊和安全角色冲突能够预测矿工的安全参与和安全遵守行为，煤矿企业管理者应当采取相关措施来缓解矿工的安全压力问题。

5.5.4 安全压力和心理健康的中介效应分析

（1）心理社会安全氛围与安全压力的关系分析

数据分析结果证实了假设 H3-1、H3-2 和 H3-3，即心理社会安全氛围跨层次负向影响人际安全冲突、安全角色冲突和安全角色模糊。根据 JD-R 模型，心理社会安全氛围作为积极的组织资源，当个体感知到组织支持时，能够从组织渠道获取资源，有助于实现资源的螺旋增益。个体拥有充分的资源能够满足员工复杂的工作需求，对缓解工作压力起到事半功倍的效果。这一结论与 Mansour 等[113] 和 Havermans 等[114] 的研究结果相似。所得结论证实了心理社会安全氛围对缓解工作压力的重要作用，为安全压力的预防提供了新途径。

该结论延伸了 Mansour 等[113] 的研究，其分析发现心理社会安全氛围能有效缓解员工的工作家庭冲突。工作家庭冲突是工作压力源的一种，而矿工这一职业由于高危险性和特殊性，其人际安全冲突、安全角色冲突和安全角色模糊这些安全压力问题相对突出，相关的研究及预防改善途径相对匮乏。这三类安全压力隶属于工作压力源，需要引起管理者的高度重视。该研究发现心理社会安全氛围跨层次负向影响了三类安全压力，那么心理社会安全氛围很可能是缓解安全压力的重要手段，同时该研究证实了心理社会安全氛围作用于 JD-R 模型的影响效果。

（2）心理社会安全氛围与心理健康的关系分析

数据分析结果证实了假设 H4，即心理社会安全氛围跨层次正向影响矿工的心理健康。该结论验证了心理社会安全氛围应用的普适性，首次对矿工这一危险职业进行调查研究，发现心理社会安全氛围显著影响了矿工的心理健康，这对心理社会安全氛围这一构念在改善心理健康的应用方面给予了充分肯定。该结论与 Bailey 等[123]、Idris 等[124]、Potter 等[193] 和 Pien 等[125] 的研究结果相符。营造良好的心理社会安全氛围，能够使员工感知到组织对其心理安全的重视程度，相对应的安全规程、准则和制度的侧重点向心理健康目标转移，同时组织的这种付出也为员工提供了充分的资源。根据社会交换理论，组织和员工之间根据互惠原则发生社会交换关系，组织对员工的心理关怀发生后，员工也会以乐观、积极的心理状态回应，由此保持了较好的心理健康水平。

现有关于矿工心理健康的研究，主要侧重于心理健康的测量及影响因素分析。然而，鲜有学者从组织视角实现对矿工心理健康的改善。Liu 等[117] 对我国矿工抑郁症的影响因素进行了分析，并指出组织支持感知和心理资本两种资源的交互作用，能够改善矿工的抑郁症和焦虑症状。基于该研究，本书从资源获取视角，结合心理社会安全氛围这一组织资源，实现对矿工心理健康的提升。组织的政策变革和安全重心的迁移能够强化矿工对组织的信任，增强个体的心理安全感，对应的心理问题和心理疾病显著下降，从而确保煤矿的安全生产。该研究结果为改善矿工的心理健康提供了新途径，从组织的规程架构和制度变革视角来关注矿工的心理问题，有助于避免员工出现心理困扰。

（3）安全压力的中介效应分析

本书研究发现人际安全冲突、安全角色模糊和安全角色冲突在心理社会安全氛围和心理健康间发挥了跨层次中介作用，假设 H5-1、H5-2 和 H5-3 得到了支持。该结论明晰了心理社会安全氛围影响矿工心理健康的途径，发现安全压力起到了中介作用。这一结果进一步证实了社会交换理论中的中介桥梁作用，即社会交换关系是社会交换的中介媒体，组织和员工之间的互惠原则导致交换关系的出现，交换关系能进一步修正员工的心理状态[86]。心理社会安全氛围、安全压力和心理健康之间的关系，恰好是对社会交换关系的阐述：组织的行动力触发了员工和组织的关系交换，进而员工以积极的心理状态予以回应。

该结论与 Law 等[129] 的研究成果相似：工作欺凌中介了心理社会安全氛围和心理健康之间的关系，相比而言，工作欺凌和本书研究中的安全压力都属于职业风险因素，说明心理社会安全氛围与职业风险因素紧密相关。以往的研究仅对安全压力和安全行为之间的关系进行了分析，然而如何缓解矿工的安全压力，鲜有学者进行深入的阐释。根据 JD-R 模型，工作资源作用于工作需求影响压力的路径上，会对压力结果产生影响。心理社会安全氛围作用于安全压力这一职业风险因素时，同样也影响到了压力结果，即心理健康。相对于以往探讨安全压力影响行为结果的分析，本书研究进行了横向延伸，并且找到了源头预防安全压力的手段，对矿工的压力控制和缓解更为有效。

（4）心理健康的中介效应分析

本书研究发现心理健康在心理社会安全氛围和安全参与、安全遵守之间发挥了跨层次中介作用，假设 H6-1 和 H6-2 得到了证实。该结论对心理社会安全的概念进行了深度分析，区分了对心理和行为的影响次序，发现 PSC

通过影响心理健康来影响行为结果。这一结论与 Mirza 等[134]、Emberland 等[130] 和 Idris[133] 的研究成果相似。高水平的心理社会安全氛围能够预防员工出现心理健康问题，如抑郁、焦虑、恐慌和敌对等情况明显下降，有助于保持积极乐观的心态来应对风险和压力，同时工作投入力度增强，相对应的角色内行为和角色外行为显著提升。由此可知，矿工的心理健康是煤矿安全生产的前提保障。

该结论与 Wong 等[131] 的研究成果一致：工作支持有助于提升心理健康水平，从而能够提升安全绩效。以往关于心理健康的研究，大多数侧重于分析心理健康的前因变量，然而，鲜有学者对心理健康的行为结果及中介效应进行深入研究。该结论证实了应用社会认知理论对三者之间关系的解释，即环境、心理和行为三者之间相互关联，相互作用[194]。心理社会安全氛围是组织营造的安全环境，而个体的行为受到了组织环境的控制，同时其也由心理因素来驱动，因此它们之间是一种动态交互的关系。对于安全行为的管理，应该从组织环境的改善做起，安全的作业氛围能够使员工感知到组织的付出程度，对潜在的负性情绪进行了自我克制，相应的不安全行为得以避免。

（5）安全压力和心理健康的链式中介效应分析

数据分析结果证实了假设 H7，即安全压力和心理健康在心理社会安全氛围和安全行为之间起链式中介作用。之前的研究对心理社会安全氛围、安全压力、心理健康和安全行为之间的关系进行了探索，然而，心理社会安全氛围影响安全行为的详细路径尚不明晰。该结论对心理社会安全氛围影响安全行为的方式进行了合理阐述，即高水平的心理社会安全氛围有助于缓解矿工的安全压力，随之相对应的心理健康问题得以排解，最终提升了安全行为水平。不难看出，构建心理社会安全氛围是为了实现更安全、更高效的组织结果，同时避免员工的行为、心理和情绪出现问题。

本书研究基于 Mirza 等[134] 的发现进行了深入分析，将心理困扰的前因变量压力因素加入研究中，形成较为系统的因果链条，有助于完善心理社会安全氛围影响安全行为的机理模型。同时，研究结果证实了心理社会安全氛围影响 JD-R 模型的组织结果，涵盖了压力、心理和行为三个维度。心理社会安全氛围不仅对安全行为产生直接影响，而且通过安全压力与心理健康的链式中介效应产生影响，这对于煤矿管理者进行安全行为管理具有重要借鉴意义。在组织心理社会安全氛围构建的过程中，要充分考虑压力、心理和行为的重要性，对组织制度、规程和准则的编制具有指导意义。

5.5.5 安全变革型领导的跨层次调节效应分析

数据分析结果证实了假设 H8-1 和 H8-2，即安全变革型领导跨层次正向调节了心理社会安全氛围与安全参与和安全遵守之间的关系。领导为企业的安全生产谋发展时实施了安全变革，对应的组织目标重心转向了安全结果，而安全变革型领导以自身的行为规范、安全愿景、道德准则和个人魅力进行组织安全变革，这一过程为组织的心理社会安全氛围构建提供了示范效应，他们之间的交互效应有助于提升矿工的安全行为水平。这一结论与 Mullen 等[141] 和 Wang 等[142] 的研究结果相一致。领导是组织政策的制定者，其自身的安全意识、人本观念和安全文化，决定了组织安全目标的重要程度，相对应的组织安全规程、心理健康目标、行为实践规范和组织准则进行了变革，这种领导和组织对员工的人文关怀和心理关注，能够提升员工的安全行为水平。

本书研究发现安全变革型领导能够提升心理社会安全氛围对安全行为的影响。根据归因理论，安全变革型领导的水平越高，领导和员工之间的关系越融洽，有助于强化员工对企业的信任感和责任心，将组织心理社会安全氛围提供的资源、利益和机遇归结于相互信任的交换过程，从而提高员工的安全参与和安全遵守行为。组织的心理社会安全氛围水平越高，员工从中获取的资源也会越多，对组织的承诺和信任随之提升，有助于增强安全变革型领导的积极归因，从而增强心理社会安全氛围对安全行为的影响。

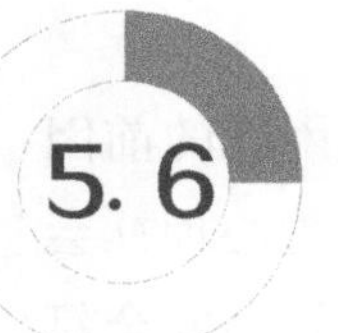

5.6 本章小结

① 采用 SPSS 22.0 对大样本调研数据进行变量描述统计分析，发现心

理社会安全氛围对安全变革型领导不存在显著影响，安全压力与心理健康正相关，与安全行为负相关，心理健康与安全行为正相关。

② 采用 Harman 单因子方法和控制未测单一潜变量方法进行共同方法偏差检验，结果发现加入潜变量后，模型拟合度未发生显著变化，说明不存在显著的共同方法偏差问题。

③ 根据R_{wg}，ICC（1）和 ICC（2）指标进行组织变量聚合检验，结果表明安全变革型领导和心理社会安全氛围变量能够从个体向组织层次聚合。

④ 采用 HLM 6.0 和 AMOS 22.0 进行跨层次模型假设检验，包含心理社会安全氛围对安全行为的跨层次主效应、安全压力与安全行为的关系、安全压力的跨层次中介作用、心理健康的跨层次中介作用、安全压力和心理健康的链式中介作用和安全变革型领导的跨层次调节作用。结果表明，本书研究的大多数假设得到了证实。

⑤ 对假设检验结果进行分析和讨论，通过与现有研究成果进行对比，对所得结论进行了合理解释。

第6章

提升安全行为管理对策

本书研究发现，心理社会安全氛围不仅直接影响矿工的安全行为，而且通过安全压力和心理健康的链式中介作用对安全行为产生间接影响，安全变革型领导在心理社会安全氛围影响安全行为的过程中发挥了跨层次正向调节作用。因此，提升矿工的安全行为水平，需要在心理社会安全氛围、安全压力、心理健康和安全变革型领导这些重要因素上进行合理干预。煤企管理者应当根据自身的实际情况，制定相关的管理对策，通过构建高水平的心理社会安全氛围，重视培养安全变革型风格的领导，缓解矿工的安全压力，并改善其心理健康水平，从而提升矿工的安全行为，为事故预防和提升安全绩效奠定基础。

6.1 构建心理社会安全氛围

本书研究结果表明，组织层面的心理社会安全氛围能够正向预测矿工的安全行为。根据变量统计分析结果，发现调研煤矿企业的心理社会安全氛围平均值为2.141，处于相对较低水平，因此建议煤矿企业强化心理社会安全氛围建设。目前，我国煤矿企业对“心理社会安全氛围”重要性的认知尚处在起步探索阶段。虽然大多数煤矿对“安全氛围”概念的提出给予了高度认可，并构建了符合自身实际情况的安全氛围体系，然而，中国情境下的“心理社会安全氛围”仍然是一个陌生的概念，同时缺乏相对应的建设策略。构建煤矿企业高水平的心理社会安全氛围，可以采取以下措施。

（1）完善工作设计

Dollard和Karasek[195] 在相关研究中指出，从制度和规程上对工作设计进行完善，是建设心理社会安全氛围的重要途径。现有煤矿的操作规程、安全制度和行为实践准则，仅涉及行为结果和安全绩效层面，缺乏关注心理健康的制度建设，应该从这一视角进行制度完善和重构。煤企管理者应重视和发现工作设计中存在的缺陷，通过实施工作任务公平分配、提供心理健康沟通渠道、明晰安全操作规程、识别心理风险因素、划分安全职责、心理健康和岗位胜任能力相匹配、公正的心理激励奖惩举措、合理的夜班轮岗制度、心理安全考核机制和压力预防体系建设等措施，确保矿工的心理健康和行为安全。

煤矿企业应为矿工提供充分的组织资源，包括工作支持、同伴支持、组织支持、组织心理健康培训、提供外部学习交流机会、增加心理健康资金投入、呼吁社会关注心理健康和培养个体积极心理特质等，使矿工感受到组织对其心理健康无微不至的关怀。

管理者应根据矿工不同的工作需求赋予其特定的工作自主权，当遇到危险情况时，员工有自主权利实现对应急情况的妥善处理，以此来提升自身的应变能力，增强对组织的信任，同时激发员工的工作热情。

（2）履行心理健康承诺

虽然管理者对矿工生命安全做出了承诺，然而，当前的承诺流于形式，对应的政策落实不到位，并且缺乏对员工的心理健康承诺。管理者应当勇于担当，履行对员工心理健康和人身安全承诺。实现承诺的前提是管理者的执行力，管理者为实现员工的心理健康目标而付出努力，不仅在心理和情绪上给予员工关怀，而且在资源配置上提供优先权。管理者应奔赴作业现场了解员工的工作需求，通过提供充分的物质、奖励、工作支持和工作条件等资源，满足员工的心理需求和情感需求；管理者应以身作则，以乐观心态和正性情绪投入到工作中，感染员工的工作情绪；班组岗前会议和讨论活动应强调心理健康的重要性，交流安全行为和心理调节的工作经验，促使员工保持良好的心态和乐观的情绪进行作业；领导应编制组织和团队的心理健康承诺书，悬挂在作业现场醒目位置，以此来督促管理者实现心理健康承诺；定期安排管理者进行心理健康课程培训，掌握排解员工心理困扰的技巧。

（3）心理健康目标优先

我国煤炭企业以安全生产和经济效益为发展目标，通常忽视了员工的心理健康问题。井下矿工的抑郁和焦虑症状显著高于常模标准，这些心理问题与工作安全显著正相关，管理者应重视矿工的心理健康，确保其生命安全[196]。煤矿管理者应摒弃传统的“利益至上”理念，坚守以人文本的发展观念，将员工的心理健康设定为企业安全生产的首要目标。管理者应对改善矿工的心理健康进行科学规划，将目标进行阶段化拆分，通过员工的心理反馈来及时调整心理预控对策，逐步实现改善心理健康的目标；当员工心理健康问题和组织经济效益发生冲突时，管理者应坚定信念，将员工的心理健康问题排在最高优先等级，并及时做出决策，确保员工的心理健康优先；管理者应提升识别员工心理问题表象特征的能力，当发现员工精神状态和工作情绪异常时，应制止其继续作业，通过沟通谈心的方式，帮助员工解决心理困扰。

（4）各层级领导积极参与

当前，我国煤炭企业的安全生产管理，主要以一线员工和决策层领导参与为主，其他高层级领导和各管理部门的参与度相对较低。构建高水平的心理社会安全氛围，需要煤矿各层级领导的积极参与，包括矿长、区队长、班组长、安检科长、总工程师、调度科长和机电科长等管理层领导。各组织结构也应投入到心理社会安全氛围建设中来，包括经营部、生产部、后勤部、财务部、供应部、仓储部和安检部等。煤矿各层级领导和各组织部门应当积极参与到相关心理安全章程制定、心理健康教育培训、心理健康的交流和沟通、心理咨询活动以及文化活动的筹备举办中。

各层领导应积极投入和参与到安全管理中，通过提升自身安全意识，树立正确的安全价值观，逐渐认识到员工心理健康的重要性，并将管理重心向维护员工心理健康偏移。领导整体安全意识的提升，是对传统“抓生产、保效率、提绩效”的观念革新，体现出企业“人文发展”的理念。重视员工的心理健康，保障个体身心健康是企业长久发展的根基。

煤矿企业各层级领导应亲赴一线现场，与矿工进行亲密沟通，倾听员工的工作诉求和观点看法，初步对员工的心理状况进行摸查。当领导发现矿工存在心理问题时，应当与各层级领导共同商讨对策，为相关心理安全政策、实践和规程的制定和修正建言献策。各层级、各部门管理者积极参与和投入到员工心理健康关怀中，有助于组织心理社会安全氛围的构建，同时能够提升企业的安全绩效。

（5）划分安全责任

煤矿企业应当对各层级领导的安全责任进行合理划分，针对心理健康政策制度落实不到位以及矿工出现心理健康问题现象的，要向相关领导进行逐层问责。管理者要贯彻落实组织制定心理健康政策和规章制度，不得推卸责任、拖沓执行和消极应对，领导出现工作疏忽时要予以严厉警告，反复出现疏漏情况的应给予处分；管理者要定期组织召开心理健康交流活动，将预防手段、职业风险要素和应对举措传达给每一位员工；管理者组织制定并实施本企业员工心理风险应急预控方案，积极参与心理安全分析听证会，及时排解员工的心理困扰。

6.2 预防员工安全压力

本书研究结果表明，安全压力能够负向预测员工的安全行为，同时心理社会安全氛围在影响心理健康的过程中，员工的安全压力起到了显著的中介作用。证明安全压力对安全行为和心理健康的影响是消极的。工作压力普遍存在于各组织中，虽然国内煤企管理者对矿工的工作压力给予重视，然而，涉及影响矿工人身伤害的安全压力问题，尚缺乏具体和系统的应对举措。为了更好地维护矿工的心理健康，提升其安全行为，管理者应对员工的安全压力进行预防。根据本书研究结论，采取以下措施来预防安全压力。

（1）避免发生人际冲突

矿工作业过程中会遇到晋升竞争、利益冲突、沟通障碍、收入不平等、上下级关系不和、工友关系紧张等诸多问题，难免会出现人际冲突现象[197]。管理者应采取预防为主的手段，避免出现人际安全冲突问题。通过对员工进行冲突管理培训，强调人际安全冲突可能造成的毁灭性后果，传授冲突管理知识和解决人际冲突的手段，以及通过情景模拟、事故分析和后果推演，使员工意识到人际冲突的危害，有效避免人际冲突行为的发生。当人际冲突发生后，组织应该对员工之间的人际安全冲突进行妥善处理，根据冲突的性质进行等级划分，并根据紧急程度进行分级干预，管理者倘若不重视、不作为和不干预，那么纵容冲突的升级很可能会酿成重大安全事故。

管理者通过组织团建拓展活动，增加员工之间的互动，使个体之间的人际关系更加和谐融洽，相对应的冲突也会随之减少。其次，提升矿工的情感智力，当个体能够识别他人的情绪，并且能够进行自我情绪控制时，往往会规避人际冲突，采取沟通或妥协方式解决冲突。此外，向矿工普及冲突管理手段，应该选取合作型冲突处理方式，而非规避型和竞争型的方式，只有通过相互合作才能实现安全生产目标[198]。

（2）明晰员工安全角色

煤矿企业一线矿工往往扮演了多重安全角色，不仅要保护好自身的人身安全，而且要顾及整个矿井的生产安全，面对不同层级领导的安全指令，通常会导致角色模糊与角色冲突的现象发生[199]。当员工的安全期望与实际情况不相符时，会引起角色冲突和角色模糊，管理者应明晰并完善员工的安全角色扮演、安全角色划分和角色考核制度。针对不同的工种，管理者应明确各工种的安全职责和安全义务，采取等量、合理和公正的原则进行角色划分，避免多层领导的跨级管理，减少角色冲突现象的发生。管理者应当制定对应的奖励措施，当员工正确履行自身的安全职责和义务时，要给予适度的物质、精神和金钱方面的鼓励，让员工感受到组织对其人身安全的关怀和重视。

组织作为安全角色的传达者，应切合实际划分安全角色，确保每位矿工的安全职责履行到位，同时不超出自身承受限度。管理者应该提供安全知识培训和安全技能训练，帮助员工了解工作风险并提升安全应变技能，确保各工种在紧急情况下发挥自身安全职能，确保整个生产体系的安全运行。管理者应掌握安全角色分配的尺度，事先了解员工的需求和心理承受能力，从组织架构和人员分配上进行合理的调整，避免给员工带来繁重的压力。

6.3 重视员工心理健康

本书研究结论表明，心理社会安全氛围在影响安全行为的过程中，员工的心理健康起到了显著中介作用，说明心理健康对安全行为的影响是积极的。然而，我国井下矿工的心理健康水平整体较低，同时由心理问题引发的操作失误事件以及轻微擦碰事故数量居高不下。管理者应重视员工的心理健康问题，通过了解心理健康需求，提出维护矿工心理健康的举措，以促进煤矿安全管理变革。

6.3.1 了解心理健康需求

煤矿井下工作条件艰苦，伴随有毒有害气体、密闭潮湿环境、噪声干扰、繁重作业负载、不规律作息和长期单调的作业姿势等因素影响，危及矿工的心理健康和生理健康。

煤矿开采具有流程复杂、作业强度高、自然灾害不确定性等特点，需要矿工消耗大量精力和注意力实现安全生产。该作业要求矿工消耗大量体力，精神上需保持高度紧张状态，心理上需保持乐观积极心态，这些需求会导致个体的身体机能失衡，引发员工出现心理疲倦。Carlisle 等[200] 研究发现，矿工高负荷的作业需求，会导致其睡眠质量下降，并且出现肌肉骨骼疼痛症状，这种身体疼痛现象与心理健康问题增加显著相关。魏晓昕[201] 在调研某煤矿时，发现一线矿工工作压力大、作业环境差且工作时间长，导致矿工出现职业倦怠现象，表现出情感耗竭、生理疲乏和自我成就感低的情绪特征，职业倦怠问题导致矿工出现麻痹心理和恐慌心理。王晓佳[202] 调查发现矿工普遍存在对主观幸福感的追求，涵盖了正性情感、负性情感和生活满意度三种情感需求，这三种心理状态对不安全行为的影响存在差异。

综上分析可知，矿工工作过程中，包含了不同的生理需求、情感需求和心理需求，他们的心理、生理和情绪应该受到全面保护，应缓解矿工的作业压力和高度紧张情绪，预防特定事件给他们带来身体、心理和生理上的伤害。管理者应重视员工心理健康和工作情绪，遏制影响心理健康的主要风险因素，提升员工的积极心理素质，给予员工系统的心理帮助，为员工营造安全、健康、舒适的作业环境，维护员工的心理健康保持良好的水平。

6.3.2 维护个体心理健康

（1）预防职业风险

国内外学者逐渐开始重视对矿工职业健康和安全绩效的管理，然而，由于缺乏职业风险管理和风险应对方法，限制了煤矿企业对员工职业健康与安全管理的发展[203]。组织应对矿工的职业风险因素进行预控管理，及时发现问题并提出相应的管理对策。管理者要明晰和辨识员工的心理风险影响因素，善于和员工沟通交流，当发现员工存在工作家庭冲突、人际关系冲突、工作角色压力、工作不安全感知、工作障碍和组织不满意等问题时，管理者应进行适当干预，例如帮助员工调解家庭矛盾、组织团建活动、合理安排工作任务、优化作业环境和强化组织支持等。实现对矿工职业风险因素的预防控制，能够帮助员工获得安全感和归属感，充分感受到组织的心理关怀，尽可能地避免出现心理健康问题。

（2）提升员工心理资本

心理资本是员工的积极心理特质，相关学者发现员工的心理资本是个体的宝贵资源，有助于保障矿工的心理健康[118]。提升员工的心理资本水平，主要从树立自信心、保持乐观心态、充满希望和提高韧性四个维度出发。

① 树立自信心：管理者应设定合理的工作目标及任务分配，个体通过努力来实现目标和完成任务时，要给予充分的物质和精神鼓励，有助于增强个体对自身能力的认可，相应的自信心得到累积；当遇到危急事件时，员工有信心、有能力、有耐心处理紧急情况。

② 保持乐观心态：管理者通过会议和沟通方式，向员工宣扬正确的人生观和价值观，嘱咐员工脚踏实地地投入到工作中，以平和的心态看待成功和失败，才能把握好未来。

③ 充满希望：多数矿工对工作环境、收入水平和生活现状出现不满意情况，管理者应尽可能地提供良好的作业环境、增加工资收入水平和提供晋升机会，领导通过和员工交流，使其对未来充满愿景，并积极投入工作中，通过自身努力实现目标。

④ 提高韧性：管理者应经常与矿工分享事故处理经验、传授应急管理准则和讲述变通行为要点，使员工在困境中迎难而上，敢于挑战自我、战胜自我，树立安全意识，同时管理者要提供充分的组织资源，以提升矿工的韧性水平。

（3）定期进行心理健康诊断

掌握员工心理健康状态是进行心理干预及心理问题预防的重要前提。然而，员工的心理健康水平受到多重外界因素和自身因素的影响，其心理状态呈现出高度不确定性，煤炭企业应当定期开展员工的心理健康评估。考虑职业安全、组织政治和人际交往顾虑等因素对心理健康调查质量的消极影响，企业在开展心理健康状况调查或诊断时，不能单纯依靠组织专职的心理健康服务人员，更要发挥企业思想政治工作者、工会工作人员、人力资源管理人员和基层岗位管理者的作用，并且应对这些工作人员开展心理咨询服务的培训和资质认证。一线矿工上岗前要进行科学的心理测评，发现员工存在心理问题时，管理者要及时制止员工带着负性情绪作业，确保员工的心理状态和岗位要求相匹配。企业应聘请专业的心理测量人员，同时各层级领导需掌握心理健康测量和心理判别技能，参与到员工的心理健康诊断中。企业应为员工的心理测评提供多种渠道，并且要保护好个体的隐私安全，提供有效及时的心理健康咨询和心理疏导举措。

（4）实施员工援助计划，给予系统的心理帮助

员工援助计划（employee assistance programs，EAP）是自美国企业界兴起的一种福利方案，是企业为员工制定的一套系统、全面和长期的心理帮助措施。企业通过对员工进行心理健康方面的内容宣传、教育、培训和帮助，避免员工出现心理健康疾病[204]。国外对 EAP 方法进行了广泛的应用，然而，国内 EAP 的推广较为困难，主要原因在于高层管理者对员工的心理

健康不够重视，同时缺乏大量的资金投入。EAP 实践的价值不能立竿见影，而是一个潜在的、长期的过程，企业在生存、发展压力情境下，或者管理者在任期绩效驱动下，EAP 往往被视为成本支出而非长期投资。因此，EAP 的实施和推广需要决策层的鼎力支持，从资金投入上给予无条件的支持；构建 EAP 管理和推广团队，稳步落实这一援助计划的实施，实现对矿工心理健康问题的预防。该方法主要强调“预防”的重要性，旨在在压力控制的基础上，培育员工追求一种健康的生活和工作方式。

（5）智能化心理健康监测

随着科技进步和发展，可穿戴式智能传感器逐渐应用于员工的心理健康监测中，实现对人的血压、心率、心电图、呼吸率和血氧饱和度进行实时监控，对动态心电信号进行实时采集、分析与报警，并结合行为、红外和温度等传感数据进行深度监测，帮助管理者了解个体的心理健康状况。煤企管理者应为每位井下一线矿工配备先进的可穿戴智能心理健康监测仪，利用这一设备实现对矿工活动轨迹追踪、行为异常报警、心理压力监控、作业环境中压力采集、监测情绪指数大小、体征信息以及语音中压抑情感等数据监控，实时掌握矿工的生理和心理健康状态。当管理者发现监控数据异常时，应进行及时干预，探寻问题的根源并帮助员工以积极、平和、乐观的心态全身心投入到安全生产中。

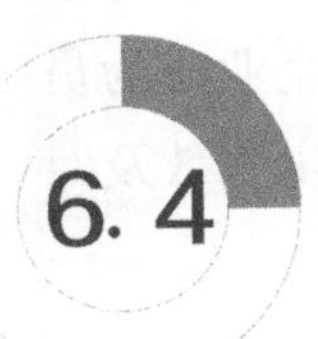

6.4 塑造安全变革型领导

本书研究结论表明，组织层次的安全变革型领导跨层次正向调节了心理社会安全氛围对安全行为的影响，由此证明高水平的安全变革型领导能够进一步提升安全行为。当前，煤矿安全管理的重心集中在提升矿工安全行为上，尚缺乏对领导行为的规范和约束，虽然企业决策层进行了不同风格的领导变革，并获得了有目共睹的安全绩效，然而，以员工心理健康和行为安全为结果导向的安全变革型领导风格相对较少。因此建议塑造安全变革型领导风格，并且强化各维度间的协同作用，从而提升员工的积极行为。

（1）提升领导魅力

领导应将安全视为企业发展的第一要务，以自身的安全行为、乐观心态和安全价值观为标榜，使员工自发地追随其安全行为、积极心理和安全理念。管理者要将自身的安全价值观落到实处，经常奔赴一线进行操作示范，严格遵守安全操作规程和行为规范，以乐观的心态积极投入到工作中，关心一线工人的福祉并为其谋福利，尽可能地改善和提高矿工的生活水平，使其充满获得感和幸福感。突发紧急情况下，出现组织利益和员工人身安全冲突时，领导应以安全为主进行决策变通。领导要履行好自身肩负的安全职责和使命，将员工的安全视为首要管理目标，出现管理失职情况时，要进行充分的自我反省检讨，以自身的人格魅力引领员工的安全观和价值观。

（2）描绘安全愿景

领导应当为员工描绘长远的安全保障愿景，提出科学可行的实现手段，鼓励员工以变通方法和创新思维来解决安全问题，由此实现组织的安全愿景。管理者要聆听员工的安全诉求，尽组织最大的可能去满足员工的心理需求和情感需求，并且对员工的诉求进行及时的反馈，针对反馈信息制定合理的对策并实施，通过信息追踪和反馈不断地调整组织安全策略，进而实现安全目标[76]。此外，领导勾勒的安全愿景要符合实际情况，并且应兼顾员工与企业的利益，让员工对未来充满憧憬，满怀激情地投入安全生产中，通过个体和各层级管理者的共同努力，超预期地完成组织安全目标。

（3）激发工作潜能

领导应该营造企业竞争氛围和创新氛围，通过积极组织员工进行操作技能培训和安全知识教育，并且以自身的人格魅力来激发员工的学习意愿，不断实现安全创新，进而提升企业的安全绩效。管理者需要设置阶段性的竞争比赛，以“安全”目标为判别标准，帮助员工认识到自身的工作角色和定位，发挥自身的潜能来赢得比赛，实现企业的安全生产目标。领导要为员工在工作中进行充分授权，帮助他们实现自身价值，允许员工在关键事件中进行自主决策，积极参与到组织的安全管理和决策中，管理者要尊重员工的创新想法和行为决策，提供充足的组织、社会、资金和物质支持，激发员工的主观能动性和工作热情。

（4）加强人文关怀

领导应加强对员工的个性化人文关怀，不仅涉及工作上的困难和需求，而且对于个体的家庭冲突问题、情感需求、心理健康和社会交际都应给予支持和帮助。管理者应定期和员工进行沟通，了解员工面临的困难问题，提出相应的对策和帮助，增加员工对领导的信任，形成良好的上下级交换关系。管理者应以员工的身心安全和心理健康作为安全管理的出发点，其相关政策、法规、经济、文化和政治规程的制定都应考虑员工的人身安全，使员工能够感受组织对个体无微不至的关怀。各层级领导要转变管理理念，在重视员工心理健康和行为安全的基础上，保障企业的生产安全。

第7章

总结与展望

针对本书开篇提出的几个关键问题：心理社会安全氛围是否对矿工的安全行为产生跨层级直接影响，这一影响的内在作用机制是什么，两者之间的关系是否受到安全变革型领导的影响，心理社会安全氛围是否可以缓解矿工的安全压力是否可以改善其心理健康，笔者通过文献分析和作业现场的深度访谈，开发了符合煤矿企业实际情境的心理社会安全氛围量表，并采用问卷调查进行了实证分析。研究发现心理社会安全氛围对矿工的安全行为的跨层次影响效应显著，同时心理社会安全氛围能够提升矿工的心理健康水平；安全压力在心理社会安全氛围和心理健康之间起跨层次中介作用；心理健康在心理社会安全氛围和安全行为之间起跨层次中介作用；安全压力和心理健康在心理社会安全氛围和安全行为之间起链式中介作用；此外组织层面的安全变革型领导跨层次调节了心理社会安全氛围和安全行为之间的关系。通过对研究结论的梳理，提出对应的管理对策。现对研究结论、研究不足和未来展望进行归纳总结。

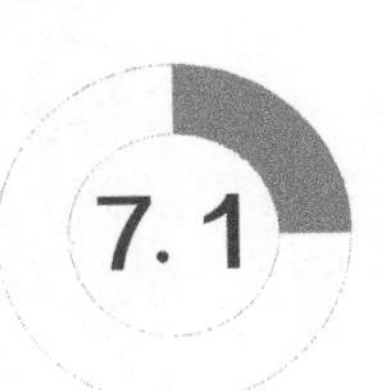

7.1 研究总结

（1）编制了符合中国煤矿企业情境的心理社会安全氛围量表

参考 Churchill 等[145] 的量表开发程序，通过文献整理和现场深度访谈，确定了煤炭企业心理社会安全氛围量表的初始题目池，并对语意表述进行了推敲和纠正；随后进行了小样本预试，采用探索性因子分析和校正项总体相关性分析对题目进行了筛选；其次进行大样本调查，运用验证性因子分析对题目的信度效度检验；最后提炼出包含 6 个维度 18 个题目的心理社会安全氛围量表。心理社会安全氛围的 6 个维度包括管理承诺、心理健康优先、组织沟通、组织参与、组织责任和组织信任，同时各维度有较好的信度和效度，有助于为后续的实证研究提供有效的工具保障。本书研究开发的心理社会安全氛围量表对我国煤企的实际情境进行了较好的匹配，有助于理解心理安全氛围的结构和理论内涵，同时满足安全生产的实践需求，为煤矿企业的心理社会安全氛围测量和评估提供了有效可行手段。

（2）明晰了心理社会安全氛围对安全行为、安全压力和心理健康的直接作用

心理社会安全氛围对矿工的安全参与和安全遵守行为具有显著的跨层次正向影响。该结论揭示了心理社会安全氛围对提升矿工安全行为的积极效应，同时论证了社会交换理论在安全管理领域的应用。组织通过管理承诺、心理健康优先、沟通、参与、责任和信任来营造心理社会安全氛围，不仅能提升角色内绩效行为，而且能够提升角色外绩效行为。肯定了心理社会安全氛围对保护高危职业群体人身安全的价值意义，同时为心理社会安全氛围的营造奠定了理论基础。

心理社会安全氛围对安全压力的三个维度（人际安全冲突、安全角色模糊和安全角色冲突）均存在显著跨层次直接负向影响。该结论对组织解决人际关系冲突和角色压力问题具有重要借鉴意义，从组织的制度设计和工作条件规划，实现对安全压力的预防。

心理社会安全氛围对心理健康具有显著跨层次直接正向影响。该结论对改善矿工的心理健康水平具有实践意义，通过将心理健康设置为组织的首要目标，能够引起各层管理者的重视，并且积极参与到职业安全健康管理中，有助于提升矿工的心理健康水平。

（3）明晰了安全压力对安全行为的直接影响

人际安全冲突、安全角色模糊和安全角色冲突对安全遵守具有显著负向影响，人际安全冲突、安全角色模糊对安全参与具有显著负向影响。该结论发现安全压力的三个维度对安全参与和安全遵守的影响存在差异，管理者应当对不同的安全压力问题，制定差异化对策，实现对安全压力的预控管理。

（4）检验了安全压力和心理健康在心理社会安全氛围与安全行为间的中介效应

在社会交换理论和JD-R模型的框架下，本书研究发现，心理社会安全氛围对安全行为的影响有一部分是通过安全压力和心理健康的中介效应实现的，具体如下：安全压力的三个维度（人际安全冲突、安全角色模糊和安全角色冲突）跨层次中介了心理社会安全氛围和心理健康之间的关系；心理健康跨层次中介了心理社会安全氛围和安全行为之间的关系；安全压力和心理健康在心理社会安全氛围和安全行为之间起链式中介作用。该结论明晰了心理社会安全氛围对安全行为的影响路径：心理社会安全氛围→安全压力→心理健康→安全行为，为提升矿工的安全行为提供了新思路。

（5）检验了安全变革型领导在心理社会安全氛围与安全行为之间的跨层次调节关系

采用 HLM 6.0 软件，对组织层次变量与个体层次变量之间的调节效应进行了检验。结果发现，组织层次的安全变革型领导与心理社会安全氛围的交互效应对个体层次的安全参与（$\beta=0.476$，$p<0.01$）和安全遵守（$\beta=0.583$，$p<0.01$）产生显著正向影响，即安全变革型领导水平越高，心理社会安全氛围对安全行为的影响越大。煤矿企业应该重视领导风格的形塑，将各层级管理者的工作重心转向员工的行为安全管理和心理健康维护中，以安全变革为导向的领导，能够帮助企业树立正确的安全价值观，构建企业的安全文化，并通过提升团队凝聚力以实现组织安全绩效。

7.2 研究创新点

① 本书采用标准化量表开发程序，参照国外现有的心理社会安全氛围量表，同时结合中国煤矿的实际情况，编制了符合中国情境的心理社会安全氛围量表，包含 6 个维度（管理承诺、心理健康优先、组织沟通、组织参与、组织责任和组织信任）共 18 个题目，并使用该量表对矿工的心理社会安全氛围进行测量。

② 揭示了心理社会安全氛围对矿工安全行为的影响机制。发现心理社

会安全氛围不仅能够缓解矿工的安全压力，而且能改善其心理健康。发现安全压力在心理社会安全氛围和心理健康关系中起跨层次中介作用，心理健康在心理社会安全氛围和安全行为关系中起跨层次中介作用，安全压力和心理健康在心理社会安全氛围和安全行为中起链式中介作用。针对矿工的“健康损耗路径”，找到了合理的解决途径，从缓解压力和改善心理健康的视角，来提升矿工的安全行为。

③ 探讨了安全变革型领导在心理社会安全氛围影响安全行为的过程中发挥正向调节作用。打破了传统的氛围影响员工行为和领导影响员工行为的既定思路，通过检验心理社会安全氛围和安全变革型领导对矿工安全行为的交互作用，能够更直观、系统地了解组织层次因素如何影响矿工的安全行为，同时也为提升心理社会安全氛围水平提供了新途径。

7.3 研究局限性与展望

① 本书遵循标准化量表开发程序，编制了符合煤矿企业情境的心理社会安全氛围量表，并且具有较好的信度效度。然而，中国的心理社会安全氛围量表尚处于开发阶段，对心理社会安全氛围的总结可能不全面，同时，其他变量的测量均借鉴和采用现有成熟量表进行了适当修正，其中个别题目的表述和选取，可能与煤矿企业的实际情境存在不匹配，仍需进一步完善，未来可以开发研究所需的测量量表，并对题目进行精炼。

② 本书采用了横截面研究方法，并在同一时段完成了变量测量，虽然这一方法能够对相关研究假设进行检验，但不足以揭示心理社会安全氛围、安全压力、心理健康、安全行为和安全变革型领导之间的因果关系。未来的研究可以采用纵向研究、实验方法或者准实验手段来确定相关变量之间的因果机理。

③ 鉴于时间和成本的限制，本书仅对工作需求的结果变量（例如压力、心理和行为）进行了深入研究，鉴于工作需求的复杂性，该研究缺乏从工作

需求-资源视角进行完整的因果解释，以及行为结果的深入探究。未来的研究可对矿工的心理需求、情感需求和身体需求进行归类和细化分析，从工作需求和工作资源的交互作用视角来解释对矿工压力、心理、行为及工作伤害的影响机理。

④ 本书着重研究了心理社会安全氛围对矿工的“健康损耗路径”影响机理。完整的心理社会安全氛围对 JD-R 的影响作用链，是减少矿工心理问题、激发工作潜能和降低事故发生率的有效途径。未来的研究可对“动机激励路径”进行深入剖析，通过对双重路径影响行为的结果比照，来验证心理社会安全氛围对提升安全行为的有效性。

在现有研究基础上，未来可在以下几个方面展开深入研究。

① 开发符合我国煤矿企业的安全压力、心理健康和安全变革型领导测量量表。根据我国集体主义文化背景和个体行为选择偏好，并结合煤矿安全生产的实际情境，开发能够真实反映矿工心理健康水平、安全压力问题和安全变革型领导水平的测量量表，从而提升问卷测量的精确度。

② 未来的研究可以将心理社会安全氛围与行为安全管理方法（BBS）结合，采用实验方法对员工的压力、心理健康和安全行为进行纵向跟踪，深入探讨心理社会安全氛围是否能持续缓解安全压力、改善心理健康并提升安全行为水平，检验心理社会安全氛围对提升安全行为的持续效果。

③ 对矿工的心理需求、身体需求和情绪需求等进行调查研究，根据调查结果得到具体的需求构念，并加入本书提出的理论模型进行实证分析。形成资源-需求-压力-心理-行为-工作结果解释链：心理社会安全氛围-工作需求-压力-心理健康-安全行为-工作伤害，有助于更系统、具体地解释心理社会安全氛围对安全行为的作用机理。

④ 延伸心理社会安全氛围对矿工“动机激励路径”的研究，在本书模型研究的基础上，加入领导赋权、工作自主性、同伴支持和组织支持等工作资源，探讨其对工作投入以及安全行为的影响路径，形成“心理社会安全氛围-工作资源-工作投入-安全行为”解释链，从动机激励视角来解释心理社会安全氛围对安全行为的影响机理，为更好地构建心理社会安全氛围提供理论支撑。

附 录

调查问卷

尊敬的煤矿工作人员：

您好！感谢您百忙之中能参与我们的问卷调查填写，您所作答的数据仅作为学术研究的整体分析，采用匿名的方式，每份数据绝对保密，请您放心作答。本次调查，不会对您个人造成任何影响，回答问题时以您的客观感受为准，所述题目没有对错之分。请在符合自己情况的答案上打“√”，每个问题请只选择一个答案。您的积极参与，对我们的研究至关重要，本次调研可能会占用您十分钟左右的时间，感谢您的支持！

个人信息

序号	题目	选项
1	年龄（岁）	□≤30 □31～40 □≥41
2	教育程度	□小学及以下 □初中 □高中(或中专) □本科、大专及以上
3	婚姻状况	□单身 □已婚 □离异
4	工作年限（年）	□≤5 □6～10 □≥11

组织信息

序号	题目	选项
1	组织名称	
2	组织所在地	
3	组织规模（人）	□≤200 □201～400 □401～600 □≥601
4	组织年限（年）	□≤5 □6～10 □11～20 □≥21

第一部分　煤矿心理社会安全氛围测量

尊敬的煤矿工作人员：

您好！为保障您的生命财产安全，了解组织对您的心理关怀程度，提升煤矿安全管理水平，制定科学的管理对策，我们特编制问卷调查您对组织心理社会安全氛围的感知程度并进行测量打分。恳请您认真作答每一个题目，按照实际情况如实填写。评分标准采用5级评分法，其中，1代表非常不同意、2代表不同意、3代表中立、4代表同意、5代表非常同意。请您根据实际情况作答并在相应的选项上打“√”。本次调查是匿名的，我们会对所有数据严格保密，不会对您产生任何影响。诚挚感谢您的配合和帮助，祝您工作愉快！

题号	题目内容	1	2	3	4	5
1	在我的组织中，资深领导会迅速纠正影响员工心理健康的问题。					
2	管理者通过参与和承诺，实现压力预防。					
3	当员工心理出现问题时，管理者会果断采取施。					
4	员工的心理健康是本组织的重要事项。					
5	管理者明确表示，员工的心理健康十分重要。					
6	管理层认为员工的心理健康和生产效率同等重要。					
7	影响我心理安全的问题，能够得到及时沟通。					
8	作业现场关于心理健康的信息，会引起领导重视。					
9	在我的组织中，领导乐意听取我对心理健康的见解。					
10	在我的组织中，领导积极参与员工心理健康咨询。					
11	领导会加大心理健康的资源保障投入。					
12	在我的组织中，压力预防涉及各层级领导。					
13	当管理者忽视我的心理健康问题时，会感到自责。					
14	当员工心理健康受到威胁时，管理者认为是自身工作失职的原因。					
15	在我的组织中，领导有责任为员工的心理健康提供保障。					
16	在我的组织中，领导对我的积极心理特质表示认可。					
17	当遇到紧急情况时，领导相信我能从容应对。					
18	在我的组织中，领导相信我能自我调节压力。					

第二部分 矿工安全压力测量

尊敬的煤矿工作人员：

您好！为做好本单位安全生产工作，了解员工的安全压力问题，预防安全事故发生，从源头制定规程来缓解压力，我们特编制该问卷对您的安全压力进行打分测量。恳请您认阅读每一道题目，按照实际情况作出回答。此项调查是匿名的，我们会对数据进行严格保密，不会对您产生影响。以下是关于安全压力指标的描述，请您根据自己的实际情况作答，并在对应的选项上打“√”。其中，1代表非常不同意、2代表不同意、3代表中立、4代表同意、5代表非常同意。真诚感谢您的理解与配合！

题号	题目内容	1	2	3	4	5
1	在我工作时，其他人会对我的安全问题大声喊叫。					
2	在我工作时，我会与他人讨论安全问题。					
3	在我工作时，有人对我的态度很粗鲁。					
4	其他人在我工作时，对我做了令人讨厌的事情。					
5	我有明确的工作安全目标。					
6	在我的工作中，我知道自己的安全职责。					
7	我清楚地知道我对工作安全的期望。					
8	我知道自己必须合理地安排时间，确保工作安全。					
9	我会收到两个或两个以上人的不同安全要求。					
10	我接收到的任务，缺乏充分的资源来安全执行。					
11	我有时需要忽略规则，才能安全地完成任务。					
12	两个以上班组合作时，他们的安全态度存在差异。					

第三部分　矿工心理健康测量

尊敬的煤矿工作人员：

您好！为摸查个体的心理健康状况，促使组织采取应对措施维护并改善心理健康，希望您根据自己最近三周的心理感知为下面的指标进行评分。评分标准采用5级评分法，根据指标的符合程度评为1、2、3、4、5分，分别对应从不、少于平常、偶尔、比平常多、经常。请您根据实际情况作答并在相应的选项上打“√”。本次调查是匿名的，我们会对所有数据严格保密，不会对您产生任何影响。诚挚感谢您的配合和帮助，祝您工作愉快！

题号	题目内容	1	2	3	4	5
1	最近你是否感到自己很难克服困难?					
2	最近你是否感到自己不开心和沮丧?					
3	最近你是否能专注于自己的本职工作?					
4	最近你是否经常会失眠和焦虑?					
5	最近你是否感到自己面临巨大的压力?					
6	最近你是否对工作失去了信心?					
7	最近你是否认为自己毫无价值?					
8	最近你是否会感到非常的开心?					
9	最近你是否享受自己的日常工作?					
10	最近你是否能够及时做出决策?					
11	最近你是否认为自己在工作中发挥了关键作用?					
12	最近你是否能够面对自身存在的问题?					

第四部分 矿工安全行为测量

尊敬的煤矿工作人员：

您好！为规范安全操作过程中个体的行为实践，提升煤矿安全管理水平，我们特编制该问卷对您的作业行为进行打分测量。恳请您认真作答每一道题目，按照实际情况如实填写。评分标准采用5级评分法，根据指标的符合程度评为1、2、3、4、5分，分别对应非常不同意、不同意、中立、同意、非常同意。本次调查，不会对您个人造成任何影响，回答问题时以您的客观感受为准，所述题目没有对错之分。请在符合自己情况的答案上打"√"，每个问题请只选择一个答案。诚挚感谢您的配合和帮助，祝您工作愉快！

题号	题目内容	1	2	3	4	5
1	我会遵守操作程序，使用必要的安全防护装备。					
2	我会向班组长及时反馈安全问题。					
3	在我的工作中，我会严格遵守安全规程。					
4	在我的工作中，我会遵守班组长的安全指令。					
5	我会付出额外的努力，确保工作场所的安全。					
6	我会提醒同伴进行安全操作。					
7	我会积极提出对安全生产的见解。					
8	我会积极参与到安全管理中。					

第五部分　煤矿安全变革型领导测量

尊敬的煤矿工作人员：

您好！为了解领导重视员工安全绩效的程度及其行为表征，规范领导行为以期提升企业安全绩效，我们特编制问卷对您感知领导的关怀水平进行打分测量。恳请您认真作答每一道题目，按照实际情况如实填写。评分标准采用5级评分法，根据指标的符合程度评为1、2、3、4、5分，分别对应非常不同意、不同意、中立、同意、非常同意。本次调查，不会对您个人造成任何影响，回答问题时以您的客观感受为准，所述题目没有对错之分。请在符合自己情况的答案上打“√”，每个问题请只选择一个答案。诚挚感谢您的配合和帮助，祝您工作愉快！

题号	题目内容	1	2	3	4	5
1	我的领导有决心为我们提供安全的工作环境。					
2	我的领导经常表达对工作安全的承诺。					
3	我的领导经常和我交流他的安全价值观。					
4	当我按照安全规程作业时，我的领导十分满意。					
5	当安全生产目标实现时，领导会给予我恰当的奖励。					
6	我的领导会探索新的方法，使工作更加安全。					
7	我的领导会持续鼓励我进行安全作业。					
8	我的领导愿意花时间来指导我如何安全作业。					
9	我的领导经常鼓励我，表达对工作安全的看法。					
10	我的领导乐于倾听我对安全生产的意见。					

参考文献

［1］ Geng F，Saleh J H. Challenging the emerging narrative：Critical examination of coalmining safety in China，and recommendations for tackling mining hazards [J]. Safety Science，2015，75：36-48.

［2］ Zhang Y，Shao W，Zhang M，et al. Analysis 320 coal mine accidents using structural equation modeling with unsafe conditions of the rules and regulations as exogenous variables [J]. Accident Analysis & Prevention，2016，92：189-201.

［3］ 中华人民共和国应急管理部 . http：//www. mem. gov. cn/.

［4］ 陈宝智，王金波 . 安全管理 [M]. 天津：天津大学出版社，2009.

［5］ Lewin K. Field theory in social science：Selected theoretical papers [J]. Harper's，1951，16（3）.

［6］ Li J Z，Zhang Y P，Liu X G，et al. Impact of conflict management strategies on the generation mechanism of miners' unsafe behavior tendency [J]. Eurasia Journal of Mathematics Science & Technology Education，2017，13（6）：2712-2732.

［7］ Mclean K N. Mental health and well-being in resident mine workers：Out of the fly-in fly-out box [J]. Australian Journal of Rural Health，2012，20（3）：126-130.

［8］ Canu W H，Jameson J P，Steele E H，et al. Mountaintop removal coal mining and emergent cases of psychological disorder in Kentucky [J]. Community Mental Health Journal，2017，53（7）：802-810.

［9］ Manić S，Janjic V，Dejanovic S D，et al. Burnout，depression and proactive coping in underground coal miners in Serbia-pilot Project [J]. Serbian Journal of Experimental and Clinical Research，2017，18（1）：45-52.

［10］ 戴福强，赵永华，蒋秀兰，等 . 煤矿工人心理健康水平调查分析 [J]. 齐齐哈尔医学院学报，2009，30（15）：1829-1830.

［11］ 宋志方，鹿德智，甄惠君，等 . 煤矿井下工人心理健康水平研究 [J]. 中国健康心理学杂志，2010（01）：48-50.

［12］ 国务院“健康中国 2030”规划纲要 [EB/OL] . [2019-07-15] . http：//www. gov. cn/xinwen/201907/15/content _ 5409694. htm.

［13］ 佟瑞鹏，王露露，杨校毅，等 . 社会心理风险因素对工人行为安全影响机制研究 [J]. 中国安全科学学报，2020，30（08）：18-24.

［14］ Golparvar M，Kamkar M，Javadian Z. Moderating effects of job stress in emotional exhaustion and feeling of energy relationships with positive and negative behaviors：Job stress multiple functions approach [J]. International Journal of Psychological Studies, 2012, 4 (4): 99-112.

[15] 刘芬. 矿工工作压力与不安全行为关系研究 [D]. 西安: 西安科技大学, 2014.

[16] Britt T W, Castro C A, Adler A B. Self-engagement, stressors, and health: A longitudinal study [J]. Personality and Social Psychology Bulletin, 2005, 31 (11): 1475-1486.

[17] Zhang P, Li N, Fang D, et al. Supervisor-focused behavior-based safety method for the construction industry: Case study in Hong Kong [J]. Journal of Construction Engineering and Management, 2017, 143 (7): 1-10.

[18] Dollard M F, Bakker A B. Psychosocial safety climate as a precursor to conducive work environments, psychological health problems, and employee engagement [J]. Journal of Occupational & Organizational Psychology, 2011, 83 (3): 579-599.

[19] Idris M A, Dollard M F, Coward J, et al. Psychosocial safety climate: Conceptual distinctiveness and effect on job demands and worker psychological health [J]. Safety Science, 2012, 50 (1): 19-28.

[20] Dollard M F, Opie T, Lenthall S, et al. Psychosocial safety climate as an antecedent of work characteristics and psychological strain: A multilevel model [J]. Work & Stress, 2012, 26 (4): 385-404.

[21] Hall G B, Dollard M F, Coward J. Psychosocial safety climate: Development of the PSC-12 [J]. International Journal of Stress Management, 2010, 17 (4): 353-383.

[22] Dollard M F, McTernan W. Psychosocial safety climate: A multilevel theory of work stress in the health and community service sector [J]. Epidemiology and Psychiatric Sciences, 2011, 20 (4): 287-293.

[23] Hall G B, Dollard M F, Winefield A H, et al. Psychosocial safety climate buffers effects of job demands on depression and positive organizational behaviors [J]. Anxiety Stress & Coping, 2013, 26 (4): 355-377.

[24] Bronkhorst B. Behaving safely under pressure: The effects of job demands, resources, and safety climate on employee physical and psychosocial safety behavior [J]. Journal of Safety Research, 2015, 55: 63-72.

[25] Lazarus R S, Launier R. Stress-related transactions between person and environment [M] //Perspectives in interactional psychology. Boston: Springer, 1978: 287-327.

[26] Luthans F. Can Participant observers reliably measure leader behavior [C] //Proceedings Annual Meeting of the American Institute for Decision Sciences. 1982, 2: 420.

[27] 徐长江．工作压力系统研究：机制、应付与管理 [J]. 浙江师大学报，1999（05）：29-35.

[28] Sampson J M，Dearmond S，Chen P Y. Role of safety stressors and social support on safety performance [J]. Safety Science，2014，64（3）：137-145.

[29] Kahn R L，Wolfe D M，Quinn R P，et al. Organizational stress：Studies in role conflict and ambiguity [M]. Hoboken：John Wiley，1965.

[30] Cooper C L，Marshall J. Understanding executive stress [M]. Berlin：Springer，1978.

[31] Ivancevich J M，Matteson M T. Stress and work：A managerial perspective [M]. London：Pearson，1980.

[32] 汤毅晖．管理人员工作压力源、控制感、应对方式与心理健康的关系研究 [D]. 南昌：江西师范大学，2004.

[33] 张西超，杨六琴，徐晓锋，等．负性情绪在工作压力作用中机制的研究 [J]. 心理科学，2006，29（04）：967-969.

[34] Dahrendorf R. Toward a theory of social conflict [J]. Journal of Conflict Resolution，1958，2（2）：170-183.

[35] Deutsch M，Coleman P T. The handbook of conflict resolution：Theory and practice [M]. Hoboken：John Wiley & Sons，2014.

[36] Organization W H. Equity in health and health care：A WHO/SIDA initiative [R]. Geneva：World Health Organization，1996.

[37] 胡江霞．"从心所欲不逾矩"——心理健康的定义及标准分析 [J]. 教育研究与实验，1997（02）：45-48.

[38] 刘华山．心理健康概念与标准的再认识 [J]. 心理科学，2001（04）：481-480.

[39] 苏群，赵霞，季璐．基于剥夺理论的农民工心理健康研究 [J]. 华中农业大学学报（社会科学版），2016（06）：93-101，145-146

[40] Derogatis L R，Lipman R S，Covi L. SCL-90. Administration，scoring and procedures manual-I for the R（revised）version and other instruments of the Psychopathology Rating Scales Series [D]. Chicago：Johns Hopkins University School of Medicine，1977.

[41] 金华，吴文源，张明园．中国正常人 SCL-90 评定结果的初步分析 [J]. 中国神经精神疾病杂志，1986（05）：260-263.

[42] Graetz B. Multidimensional properties of the general health questionnaire [J]. Social Psychiatry and Psychiatric Epidemiology，1991，26（3）：132-138.

[43] 李艳青，任志洪，江光荣．中国公安机关警察心理健康状况的元分析 [J]. 心理科学进展，2016，24（05）：692-706.

[44] 张占武，刘芳，董大壮．电子制造企业生产线“90后员工”心理健康状况研究［J］．人力资源管理，2015（07）：275-276.

[45] 林赞歌，樊富珉，吴吉堂．新时期制造业员工心理健康状况调查与分析［J］．中国健康心理学杂志，2012（09）：1345-1348.

[46] 李秋虹，郭宝萍，武昌，等．北京市通州区某国有企业员工心理健康状况及其影响因素［J］．职业与健康，2017（06）：733-736.

[47] 洪炜，徐红红．应激、积极人格与心理健康关系模型的初步研究［J］．中国临床心理学杂志，2009（03）：253-256.

[48] 蒋奖，许燕，周莉．医护人员A型人格、控制源与工作满意度、心理健康的关系［J］．中国临床心理学杂志，2004（04）：359-361.

[49] 顾寿全，奚晓岚，程灶火，等．大学生大五人格与心理健康的关系［J］．中国临床心理学杂志，2014，22（02）：354-356.

[50] 潘孝富．初中教师心理健康与学校组织气氛的相关性研究［J］．健康心理学杂志，2003（03）：214-216.

[51] 李儒林．大学生学校组织气氛与心理健康水平的关系研究［J］．职业与健康，2015（19）：2694-2696.

[52] 李宁，罗妍，穆慧娟，等．辽宁城乡医务人员组织公平感、职业风险及压力源与心理健康关系［J］．中国公共卫生，2015，31（11）：1377-1380.

[53] Motowidlo S J，Van Scotter J R. Evidence that task performance should be distinguished from contextual performance［J］．Journal of Applied Psychology，1994，79（4）：475-480.

[54] Oliver A，Cheyne A，Tomas J，et al. Modelling safety climate in the prediction of levels of safety activity［J］．Work and Stress，1998，12（3）：255-271.

[55] Griffin M A，Neal A. Perceptions of safety at work：A framework for linking safety climate to safety performance，knowledge，and motivation［J］．Journal of Occupational Health Psychology，2000，5（3）：347-358.

[56] Paunonen S V，Ashton M C. Big five factors and facets and the prediction of behavior［J］．Journal of Personality and Social Psychology，2001，81（3）：524-539.

[57] Rasmussen J. Skills，rules，and knowledge；signals，signs，and symbols，and other distinctions in human performance models［J］．Systems，Man and Cybernetics，IEEE Transactions on，1983（3）：257-266.

[58] Reason J. The contribution of latent human failures to the breakdown of complex systems［J］．Philosophical Transactions of the Royal Society of London. B，Biological Sci-

ences，1990，327（1241）：475-484.

[59] Borman W C，Motowidlo S. Expanding the criterion domain to include elements of contextual performance [J]. Personnel Selection in Organizations；San Francisco：Jossey-Bass，1993：71.

[60] Neal A，Griffin M A. Safety climate and safety behaviour [J]. Australian Journal of Management，2002，27（1）：67-75.

[61] Glendon A I，Litherland D K. Safety climate factors，group differences and safety behaviour in road construction [J]. Safety Science，2001，39（3）：157-188.

[62] Helmreich R L. Managing human error in aviation [J]. Scientific American，1997，276（5）：62-67.

[63] Mearns K，Flin R，Gordon R，et al. Measuring safety climate on offshore installations [J]. Work & Stress，1998，12（3）：238-254.

[64] Siu O，Phillips D R，Leung T. Safety climate and safety performance among construction workers in Hong Kong：The role of psychological strains as mediators [J]. Accident Analysis & Prevention，2004，36（3）：359-366.

[65] Simard M，Marchand A. A multilevel analysis of organisational factors related to the taking of safety initiatives by work groups [J]. Safety Science，1995，21（2）：113-129.

[66] De Pasquale J，Geller E. Critical success factors for behavior-based safety—A parametric and comparative analysis [J]. Journal of Safety Research，1999，30（4）：237-249.

[67] Podsakoff P M，MacKenzie S B，Moorman R H，et al. Transformational leader behaviors and their effects on followers' trust in leader，satisfaction，and organizational citizenship behaviors [J]. The Leadership Quarterly，1990，1（2）：107-142.

[68] Bass B M. From transactional to transformational leadership：Learning to share the vision [J]. Organizational Dynamics，1990，18（3）：19-31.

[69] Barling J，Loughlin C，Kelloway E K. Development and test of a model linking safety-specific transformational leadership and occupational safety [J]. Journal of Applied Psychology，2002，87（3）：488-496.

[70] Howell J M，Avolio B J. Transformational leadership，transactional leadership，locus of control，and support for innovation：Key predictors of consolidated-business-unit performance [J]. Journal of Applied Psychology，1993，78（6）：891-902.

[71] Dvir T，Eden D，Avolio B J，et al. Impact of transformational leadership on follower development and performance：A field experiment [J]. Academy of Management Jour-

nal, 2002, 45 (4): 735-744.

[72] Kim M S. The mediating and moderating roles of safety-specific transformational leadership on the relationship between barrier to and intention of reporting medication errors [J]. Korean Journal of Adult Nursing, 2015, 27 (6): 673-683.

[73] Johnson R E, Venus M, Lanaj K, et al. Leader identity as an antecedent of the frequency and consistency of transformational, consideration, and abusive leadership behaviors [J]. Journal of Applied Psychology, 2012, 97 (6): 1262-1272.

[74] Gao S B, Sheng Q F. The discussion on measurement methods of social information process [J]. Journal of Anhui Agricultural University, 2004, 5: 56-58.

[75] De Koster R B M, Stam D, Balk B M. Accidents happen: The influence of safety-specific transformational leadership, safety consciousness, and hazard reducing systems on warehouse accidents [J]. Journal of Operations Management, 2011, 29 (7-8): 753-765.

[76] Toderi S, Balducci C, Gaggia A. Safety-specific transformational and passive leadership styles: A contribution to their measurement [J]. TPM: testing, psychometrics, methodology in applied psychology, 2016, 23 (2): 167-183.

[77] Conchie S M, Donald I J. The moderating role of safety-specific trust on the relation between safety-specific leadership and safety citizenship behaviors [J]. Journal of Occupational Health Psychology, 2009, 14 (2): 137-147.

[78] Jung H J, Lee S R, Sohn Y W. The influence of safety-specific transformational leadership on the safety behaviors: The mediating effect of safety climate and safety motivation and the moderating effect of trust in leader [J]. The Korean Journal of Industrial and Organizational Psychology, 2015, 28 (2): 249-276.

[79] Hobfoll S E. Conservation of resources: A new attempt at conceptualizing stress [J]. American Psychologist, 1989, 44 (3), 513-524.

[80] 瞿皎姣，曹霞，崔勋．基于资源保存理论的组织政治知觉对国有企业员工工作绩效的影响机理研究 [J]. 管理学报，2014，11 (06)：852-860.

[81] Crawford E R, LePine J A, Rich B L. Linking job demands and resources to employee engagement and burnout: A theoretical extension and meta-analytic test [J]. Journal of Applied Psychology, 2010, 95 (5): 834-848.

[82] Hobfoll S E. The influence of culture, community, and the nested-self in the stress process: Advancing conservation of resources theory [J]. Applied Psychology, 2001, 50 (3): 337-421.

[83] Li J Z, Zhang Y P, Wang X J, et al. Relationship research between subjective well-

being and unsafe behavior of coal miners [J]. Eurasia Journal of Mathematics, Science and Technology Education, 2017, 13 (11): 7215-7221.

[84] Abbas M, Raja U, Darr W, et al. Combined effects of perceived politics and psychological capital on job satisfaction, turnover intentions, and performance [J]. Journal of Management, 2014, 40 (7): 1813-1830.

[85] De Cuyper N, Mäkikangas A, Kinnunen U, et al. Cross-lagged associations between perceived external employability, job insecurity, and exhaustion: Testing gain and loss spirals according to the conservation of resources theory [J]. Journal of Organizational Behavior, 2012, 33 (6): 770-788.

[86] Demerouti E, Bakker A B, Nachreiner F, et al. The job demands-resources model of burnout [J]. Journal of Applied Psychology, 2001, 86 (3), 499-512.

[87] Xanthopoulou D, Bakker A B, Demerouti E, et al. Work engagement and financial returns: A diary study on the role of job and personal resources [J]. Journal of Occupational and Organizational Psychology, 2009, 82 (1): 183-200.

[88] Bakker A B, Demerouti E. The job demands-resources model: State of the art [J]. Journal of Managerial Psychology, 2007, 22 (3): 309-328.

[89] Schaufeli W B, Bakker A B. Job demands, job resources, and their relationship with burnout and engagement: A multi-sample study [J]. Journal of Organizational Behavior: The International Journal of Industrial, Occupational and Organizational Psychology and Behavior, 2004, 25 (3): 293-315.

[90] Blau P M. Exchange and power in social life [M]. Hoboken: Wiley, 1964.

[91] Cropanzano R, Mitchell M S. Social exchange theory: An interdisciplinary review [J]. Journal of Management, 2005, 31 (6): 874-900.

[92] Shore L M, Coyle-Shapiro J A M. New developments in the employee-organization relationship [J]. Journal of Organizational Behavior: The International Journal of Industrial, Occupational and Organizational Psychology and Behavior, 2003, 24 (5): 443-450.

[93] Foa E, Foa U. Resource theory: Interpersonal behavior as exchange. [J]. Social Exchange: Advances in Theory and Research, 1980: 77-94.

[94] Lazarus R S. Psychological stress and the coping process [J]. University of the Illinois Press, 1966, 83 (4): 634-637.

[95] Karasek R A. Job demands, job decision latitude, and mental strain: Implications for job redesign [J]. Administrative Science Quarterly, 1979, 24.

［96］ Golparvar M，Hosseinzadeh K H. Model of relation between person-job none fit with emotional exhaustion and desire to leave work：Evidencefor the stress-unequilibrium-compensation model ［J］. Journal of Applied Psychology，2011，20（5）：41-56.

［97］ Spector P E，Fox S. The stressor-emotion model of counterproductive work behavior ［R］//Counterproductive work behavior：Investigations of actors and targets. American Psychological Association，2005.

［98］ Guan X，Zhong C. Competence and managerial behavior in Chinese context ［J］. Journal of Chinese Psychology，2002，44（2）：151-166

［99］ Oliver A，Cheyne A，Tomas J M，et al. The effects of organizational and individual factors on occupational accidents ［J］. Journal of Occupational and Organizational Psychology，2002，75（4）：473-488.

［100］ Guo B H W，Yiu T W，González V A. Predicting safety behavior in the construction industry：Development and test of an integrative model ［J］. Safety Science，2016，84：1-11.

［101］ 叶新凤．安全氛围对矿工安全行为影响——整合心理资本与工作压力的视角［D］. 北京：中国矿业大学，2014.

［102］ Brondino M，Silva S A，Pasini M. Multilevel approach to organizational and group safety climate and safety performance：Co-workers as the missing link ［J］. Safety Science，2012，50（9）：1847-1856.

［103］ Mansour S，Tremblay D G. How can we decrease burnout and safety workaround behaviors in health care organizations? The role of psychosocial safety climate ［J］. Personnel Review，2019，48（2）：528-550.

［104］ Zadow A J，Dollard M F，Mclinton S S，et al. Psychosocial safety climate，emotional exhaustion，and work injuries in healthcare workplaces ［J］. Stress and Health，2017，33（5）：558-569.

［105］ Lu C S，Kuo S Y. The effect of job stress on self-reported safety behaviour in container terminal operations：The moderating role of emotional intelligence ［J］. Transportation Research Part F：Traffic Psychology and Behaviour，2016，37：10-26.

［106］ 姜兰，刘雅琴，孙佳．机场安检员工作压力与不安全行为关系研究［J］. 中国安全科学学报，2019，29（04）：13-18.

［107］ 李乃文，刘孟潇，牛莉霞．矿工工作压力、心智游移与不安全行为的关系［J］. 中国安全生产科学技术，2018，14（10）：170-174.

［108］ Gracia F J，Martínez-Córcoles M. Understanding risky behaviours in nuclear facilities：

The impact of role stressors [J]. Safety Science，2018，104：135-143.

[109] Wang D，Wang X，Xia N. How safety-related stress affects workers' safety behavior：The moderating role of psychological capital [J]. Safety Science，2018，103：247-259.

[110] Wang D，Wang X，Griffin M A，et al. Safety stressors，safety-specific trust，and safety citizenship behavior：A contingency perspective [J]. Accident Analysis & Prevention，2020，142：105572.

[111] Yuan Z，Li Y，Tetrick L E. Job hindrances，job resources，and safety performance：The mediating role of job engagement [J]. Applied Ergonomics，2015，51：163-171.

[112] 周洁，张建卫，李海红，等．中学教师人际冲突、组织约束对工作偏差行为的作用机制 [J]. 现代中小学教育，2017，33 (03)：75-79.

[113] Mansour S，Tremblay D G. Psychosocial safety climate as resource passageways to alleviate work-family conflict：A study in the health sector in Quebec [J]. Personnel Review，2018，47 (2)：474-493.

[114] Havermans B M，Boot C R L，Houtman I L D，et al. The role of autonomy and social support in the relation between psychosocial safety climate and stress in health care workers [J]. BMC Public Health，2017，17 (1)：558.

[115] 周帆，刘大伟．工作要求-资源模型新视角——基于心理社会安全氛围的分析 [J]. 心理科学进展，2013，21 (03)：539-547.

[116] McTernan W P，Dollard M F，LaMontagne A D. Depression in the workplace：An economic cost analysis of depression-related productivity loss attributable to job strain and bullying [J]. Work & Stress，2013，27 (4)：321-338.

[117] Liu L，Wang L，Chen J. Prevalence and associated factors of depressive symptoms among Chinese underground coal miners [J]. BioMed Research International，2014：1-9.

[118] Liu L，Wen F，Xu X，et al. Effective resources for improving mental health among Chinese underground coal miners：Perceived organizational support and psychological capital [J]. Journal of Occupational Health，2014：14-0082-OA.

[119] Yu M，Li J Z. Influence of behavior based safety management on improving of environmentally coal miner's mental health [J]. Ekoloji Dergisi，2019，28 (107)：4513-4520.

[120] Yu M，Li J Z. Work-family conflict and mental health among Chinese underground coal miners：the moderating role of psychological capital [J]. Psychology，Health &

Medicine，2020，25（1）：1-9.

［121］ Considine R，Tynan R，James C，et al. The contribution of individual，social and work characteristics to employee mental health in a coal mining industry population ［J］. PloS one，2017，12（1）：e0168445.

［122］ 刘佳．医务人员心理社会安全氛围、工作资源对其工作投入的影响［D］. 哈尔滨：哈尔滨工程大学，2014

［123］ Bailey T S，Dollard M F，McLinton S S，et al. Psychosocial safety climate，psychosocial and physical factors in the aetiology of musculoskeletal disorder symptoms and workplace injury compensation claims ［J］. Work & Stress，2015，29（2）：190-211.

［124］ Idris M A，Dollard M F. Psychosocial safety climate，emotional demands，burnout，and depression：A longitudinal multilevel study in the Malaysian private sector ［J］. Journal of Occupational Health Psychology，2014，19（3）：291-302.

［125］ Pien L C，Cheng Y，Cheng W J. Psychosocial safety climate，workplace violence and-self-rated health：A multi-level study among hospital nurses ［J］. Journal of Nursing Management，2019，27（3）：584-591.

［126］ Elçi M，Şener İ，Aksoy S，et al. The impact of ethical leadership and leadership effectiveness on employees' turnover intention：The mediating role of work related stress ［J］. Procedia-Social and Behavioral Sciences，2012，58：289-297.

［127］ Schaufeli W B，Bakker A B，Van der Heijden F M M A，et al. Workaholism，burnout and well-being among junior doctors：The mediating role of role conflict ［J］. Work & Stress，2009，23（2）：155-172.

［128］ Dale K，Fox M L. Leadership style and organizational commitment：Mediating effect of role stress ［J］. Journal of Managerial Issues，2008：109-130.

［129］ Law R，Dollard M F，Tuckey M R，et al. Psychosocial safety climate as a lead indicator of workplace bullying and harassment，job resources，psychological health and employee engagement ［J］. Accident Analysis & Prevention，2011，43（5）：1782-1793.

［130］ Emberland J S，Rundmo T. Implications of job insecurity perceptions and job insecurity responses for psychological well-being，turnover intentions and reported risk behavior ［J］. Safety Science，2010，48（4）：452-459.

［131］ Wong K C K. Work support，psychological well-being and safety performance among nurses in Hong Kong ［J］. Psychology，Health & Medicine，2018，23（8）：958-963.

[132] Reynolds A D, Crea T M. Household stress and adolescent behaviours in urban families: the mediating roles of parent mental health and social supports [J]. Child & Family Social Work, 2016, 21 (4): 568-580.

[133] Idris M A, Dollard M F, Tuckey M R. Psychosocial safety climate as a management tool for employee engagement and performance: A multilevel analysis [J]. International Journal of Stress Management, 2015, 22 (2): 183-206.

[134] Mirza M Z, Isha A S N, Memon M A, et al. Psychosocial safety climate, safety compliance and safety participation: The mediating role of psychological distress [J]. Journal of Management & Organization, 2019: 1-16.

[135] 蔡笑伦，叶龙，王博．心理资本对职业倦怠影响研究——以心理健康为中介变量 [J]. 管理世界，2016 (04): 184-185.

[136] Bentley T A, Teo S T T, Nguyen D T N, et al. Psychosocial influences on psychological distress and turnover intentions in the workplace [J]. Safety Science, 2021, 137: 105200.

[137] 李乃文，刘健，牛莉霞．工作倦怠对安全绩效的影响——负性情绪和心智游移的链式中介作用 [J]. 软科学，2018，32 (10): 71-74.

[138] Yu M, Li J Z. Psychosocial safety climate and unsafe behavior among miners in China: the mediating role of work stress and job burnout [J]. Psychology, Health & Medicine, 2019: 1-9.

[139] 韦慧民，龙立荣．领导信任影响下属任务绩效的双路径模型研究 [J]. 商业经济与管理，2008 (09): 16-22.

[140] Lu Y, Shen Y, Zhao L. Linking psychological contract breach and employee outcomes in China: Does leader-member exchange make a difference? [J]. The Chinese Economy, 2015, 48 (4): 297-308.

[141] Mullen J, Kelloway E K, Teed M. Employer safety obligations, transformational leadership and their interactive effects on employee safety performance [J]. Safety Science, 2017, 91: 405-412.

[142] Wang P, Walumbwa F O. Family-friendly programs, organizational commitment, and work withdrawal: The moderating role of transformational leadership [J]. Personnel Psychology, 2007, 60 (2): 397-427.

[143] 单佳佳．员工人格特质对工作绩效的影响——变革型领导的调节作用 [D]. 天津：天津工业大学，2017.

[144] Smith T D, Eldridge F, DeJoy D M. Safety-specific transformational and passive lead-

ership influences on firefighter safety climate perceptions and safety behavior outcomes [J]. Safety Science, 2016, 86: 92-97.

[145] Churchill G A, Iacobucci D. Marketing research: methodological foundations [M]. New York: Dryden Press, 2006.

[146] 解霄椰．我国护理团队心理社会安全氛围研究 [D]. 成都：西南民族大学，2017.

[147] Zohar D. Safety climate in industrial organizations: Theoretical and applied implications [J]. Journal of Applied Psychology, 1980, 65 (1): 96-102.

[148] Zohar D. A group-level model of safety climate: Testing the effect of group climate onmicroaccidents in manufacturing jobs [J]. Journal of Applied Psychology, 2000, 85 (4): 587-596.

[149] Hsu S H, Lee C C, Wu M C, et al. The influence of organizational factors on safety in Taiwanese high-risk industries [J]. Journal of Loss Prevention in the Process Industries, 2010, 23 (5): 646-653.

[150] Cox S J, Cheyne A J T. Assessing safety culture in offshore environments [J]. Safety Science, 2000, 34 (1): 111-129.

[151] Lin S H, Tang W J, Miao J Y, et al. Safety climate measurement at workplace in China: A validity and reliability assessment [J]. Safety Science, 2008, 46 (7): 1037-1046.

[152] O' Connor P, O' Dea A, Kennedy Q, et al. Measuring safety climate in aviation: A review and recommendations for the future [J]. Safety Science, 2011, 49 (2): 128-138.

[153] Pidgeon N. The limits to safety? Culture, politics, learning and man-made disasters [J]. Journal of contingencies and crisis management, 1997, 5 (1): 1-14.

[154] Wu T C, Chang S H, Shu C M, et al. Safety leadership and safety performance in petrochemical industries: The mediating role of safety climate [J]. Journal of Loss Prevention in the Process Industries, 2011, 24 (6): 716-721.

[155] Mcmichael A J, Woodruff R E, Hales S. Climate change and human health: present and future risks [J]. Lancet (North American Edition), 2006, 367 (9513): 859-869.

[156] Pronovost P J, Weast B, Holzmueller C G, et al. Evaluation of the culture of safety: Survey of clinicians and managers in an academic medical center [J]. Quality & Safety in Health Care, 2003, 12 (6): 405-410.

[157] Gershon R R M, Karkashian C D, Grosch J W, et al. Hospital safety climate and its

relationship with safe work practices and workplace exposure incidents [J]. American Journal of Infection Control, 2000, 28 (3): 211-221.

[158] Muchinsky P M. Organizational communication: Relationships to organizational climate and job satisfaction [J]. The Academy of Management Journal, 1977, 20 (4): 592-607.

[159] 陆柏，傅贵，付亮．安全文化与安全氛围的理论比较 [J]. 煤矿安全，2006 (05): 66-70.

[160] Waters L K, Roach D, Batlis N. Organizational climate dimensions and job-related attitudes [J]. Personnel Psychology, 1974, 27 (3): 465-476.

[161] 席自强．组织心理安全与组织公民行为关系的研究 [D]. 开封：河南大学，2007.

[162] Gouldwilliams J. HR practices, organizational climate and employee outcomes: evaluating social exchange relationships in local government [J]. International Journal of Human Resource Management, 2007, 18 (9): 1627-1647.

[163] Edmondson A C. Managing the risk of learning: Psychological safety in work teams [M] // International Handbook of Organizational Teamwork and Cooperative Working. Hoboken: John Wiley & Sons Ltd, 2008.

[164] Kopelman R E, Brief A P, Guzzo R A. The role of climate and culture in productivity [J]. Organizational Climate and Culture, 1990, 282: 318.

[165] Parker C P, Baltes B B, Young S A, et al. Relationships between psychological climate perceptions and work outcomes: A meta-analytic review [J]. Journal of Organizational Behavior, 2003, 24 (4): 389-416.

[166] Seo D C, Torabi M R, Blair E H, et al. A cross-validation of safety climate scale using confirmatory factor analytic approach [J]. Journal of Safety Research, 2004, 35 (4): 427-445.

[167] Cox S, Cox T. The structure of employee attitudes to safety: A European example [J]. Work & Stress, 1991, 5 (2): 93-106.

[168] Mohamed S. Safety climate in construction site environments [J]. Journal of Construction Engineering and Management, 2002, 128 (5): 375-384.

[169] Guo B H W, Yiu T W, Vicente A. González. Predicting safety behavior in the construction industry: Development and test of an integrative model [J]. Safety Science, 2015, 84: 1-11.

[170] Zohar D, Luria G. Climate as a social-cognitive construction of supervisory safety practices: Scripts as proxy of behavior patterns [J]. Journal of Applied Psychology,

2004，89（2）：322-333.

［171］ Cronbach L J. Coefficient alpha and the internal structure of tests［J］. Psychometrika，1951，16（3）：297-334.

［172］ 卢纹岱 . SPSS for Windows 统计分析［M］. 北京：电子工业出版社，2002.

［173］ Bryman A，Cramer D. Concepts and their measurement：Quantitative data analysis，with SPSS for Windows［R］. London：Routledge，1997.

［174］ Goldberg D P，Hillier V F. A scaled version of the General Health Questionnaire［J］. Psychological Medicine，1979，9（1）：139-145.

［175］ Lai J C L，Yue X. Measuring optimism in Hong Kong and mainland Chinese with the revised Life Orientation Test［J］. Personality & Individual Differences，2000，28（4）：781-796.

［176］ Neal A F，Griffin M A，Hart P D. The impact of organisational climate on safety climate and individual behaviour［J］. Safety Science，2000，34（1）：99-109.

［177］ Kelloway E K，Mullen J，Francis L. Divergent effects of transformational and passive leadership on employee safety［J］. Journal of Occupational Health Psychology，2006，11（1）：76-86.

［178］ Clarke S，Robertson I T. A meta-analytic review of the big five personality factors and accident involvement in occupational and non-occupational settings［J］. Journal of Occupational & Organizational Psychology，2005，78（3）：355-376.

［179］ 张琪 . 企业员工事故归因对安全行为的影响研究［D］. 太原：太原理工大学，2018.

［180］ Sawacha E，Naoum S，Fong D. Factors affecting safety performance on construction sites［J］. International Journal of Project Management，1999，17（5）：309-315.

［181］ Van der Leeden R，Busing F. First iteration versus IGLS/RIGLS estimates in two-level models：A Monte Carlo study with ML3［J］. Preprint PRM，1994，94（03）：236-249.

［182］ Nunnally J C. An overview of psychological measurement［M］. Clinical Diagnosis of Mental Disorders，1978，Boston：Springer：97-146.

［183］ Podsakoff P M，Mackenzie S B，Lee J Y，et al. Common method biases in behavioral research：A critical review of the literature and recommended remedies［J］. Journal of Applied Psychology，2003，88（5）：879-903.

［184］ James，Lawrence R. Aggregation bias in estimates of perceptual agreement［J］. Journal of Applied Psychology，1982，67（2）：219-229.

［185］ Zhang Z，Zyphur M J，Preacher K J. Testing multilevel mediation using hierarchical linear models: Problems and solutions [J]. Organizational Research Methods, 2008, 12 (4): 695-719.

[186] Baron R M, Kenny D A. The moderator-mediator variable distinction in social psychological research: Conceptual, strategic, and statistical considerations [J]. Journal of Personality and Social Psychology, 1986, 51 (6): 1173-1182.

[187] 韩志伟，刘丽红．团队领导组织公民行为的有效性：以双维认同为中介的多层次模型检验 [J]. 心理科学，2019，42 (01)：137-143.

[188] 温福星．阶层线性模型的原理与应用 [M]. 北京：中国轻工业出版社，2009.

[189] Mearns K, Whitaker S M, Flin R. Safety climate, safety management practice and safety performance in offshore environments [J]. Safety Science, 2003, 41 (8): 641-680.

[190] 李乃文，张丽，牛莉霞．工作压力、安全注意力与不安全行为的影响机理模型 [J]. 中国安全生产科学技术，2017，13 (06)：14-19.

[191] 邸鸿喜．煤矿工人工作压力结构、传播规律及其对不安全行为的影响研究 [D]. 西安：西安科技大学，2017.

[192] Frone M R. Interpersonal conflict at work and psychological outcomes: Testing a model among young workers [J]. Journal of Occupational Health Psychology, 2000, 5 (2): 246-255.

[193] Potter R E, Dollard M F, Owen M S, et al. Assessing a national work health and safety policy intervention using the psychosocial safety climate framework [J]. Safety Science, 2017, 100: 91-102.

[194] Bandura A. Social cognitive theory: An agentic perspective [J]. Annual Review of Psychology, 2001, 52 (1): 1-26.

[195] Dollard M F, Karasek R A. Building psychosocial safety climate [J]. Contemporary Occupational Health Psychology: Global Perspectives on Research and Practice, 2010, 1: 208-233.

[196] 苗纯峰，张雅致，闫保平，等．煤矿工人焦虑抑郁状况与安全状况的相关性分析 [J]. 中国健康心理学杂志，2018，26 (02)：237-240.

[197] 刘芬．矿工工作压力与不安全行为关系研究 [D]. 西安：西安科技大学，2014.

[198] 张雅萍．冲突管理模式对矿工不安全行为的作用机制及效率评价 [D]. 太原：太原理工大学，2018.

[199] 禹敏，栗继祖．基于心理健康中介作用的安全压力对矿工安全行为的影响 [J]. 煤矿安全，2019，50 (12)：253-256.

[200] Carlisle K N，Parker A W. Psychological distress and pain reporting in Australian coal miners [J]. Safety and Health at Work，2014，5 (4)：203-209.

[201] 魏晓昕．一线矿工职业倦怠与社会支持相互关系研究 [D]. 太原：太原理工大学，2015.

[202] 王晓佳．煤矿井下员工主观幸福感与不安全行为关系研究 [D]. 太原：太原理工大学，2017.

[203] Hermanus M A. Occupational health and safety in mining-status，new developments，and concerns [J]. Journal of the Southern African Institute of Mining and Metallurgy，2007，107 (8)：531-538.

[204] Sonnenstuhl W J，Trice H M. Strategies for employee assistance programs：The crucial balance [M]. Cornell：Cornell University Press，2018.

